人工智能系列教材

张腾龙　闫　硕　主　编
黄奕凯　副主编

计算机视觉案例实战

電子工業出版社
Publishing House of Electronics Industry
北京·BEIJING

内容简介

本书系统地介绍计算机视觉所需的基本知识和相关算法，以“项目-任务”式的结构，先让读者了解一定的理论和流程，再向读者介绍如何实现任务，按照层层递进的结构向读者展现如何简单地利用现有工具实现计算机视觉的各项工作，如特征提取、图像变换、目标检测等。此外，本书以鸟类目标检测实践项目为例，提供一套完整的搭建目标检测系统的方法。书中的操作和代码可供读者学习参考，进而使读者更加深入地掌握计算机视觉的相关内容。

本书可作为职业院校、应用型本科院校计算机相关专业的教材，也可作为计算机视觉相关从业人员和爱好者的参考学习资料。

图书在版编目(CIP)数据

计算机视觉案例实战 / 张腾龙，闫硕主编. -- 北京 : 电子工业出版社，2024. 8. -- ISBN 978-7-121-48635-7

Ⅰ. TP302.7

中国国家版本馆 CIP 数据核字第 2024E18B86 号

责任编辑：李英杰
印　　刷：天津千鹤文化传播有限公司
装　　订：天津千鹤文化传播有限公司
出版发行：电子工业出版社
　　　　　北京市海淀区万寿路 173 信箱　邮编　100036
开　　本：787×1 092　1/16　印张：8.25　字数：201 千字
版　　次：2024 年 8 月第 1 版
印　　次：2024 年 8 月第 1 次印刷
定　　价：38.90 元

凡所购买电子工业出版社图书有缺损问题，请向购买书店调换。若书店售缺，请与本社发行部联系，联系及邮购电话：（010）88254888，88258888。

质量投诉请发邮件至 zlts@phei.com.cn，盗版侵权举报请发邮件至 dbqq@phei.com.cn。

本书咨询联系方式：（010）88254247，liyingjie@phei.com.cn。

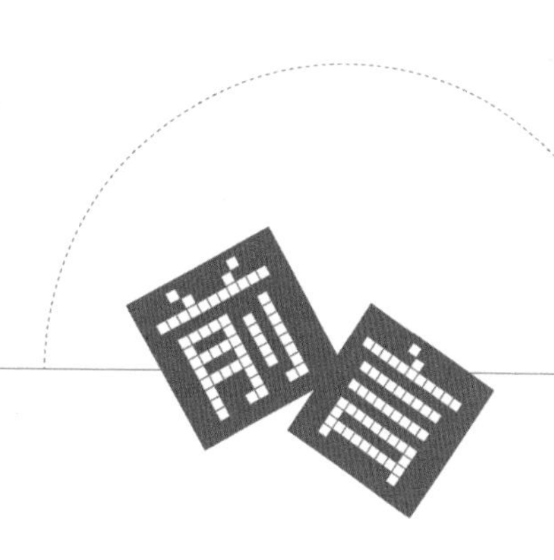

在当今数字时代，计算机视觉已经被应用于许多领域，从自动驾驶和交通管理，到医疗影像分析，再到智能安防系统，计算机视觉技术几乎无处不在。站在新一代人工智能蓬勃发展的历史节点上，计算机视觉作为一个快速发展且充满活力的领域，在未来将带来更多的创新应用和解决方案。

本书采用“项目-任务”式的结构，将理论与实践有机地结合在一起。首先为读者介绍必要的理论背景和基本流程知识，然后通过具体的项目和任务帮助读者理解如何将这些理论付诸实践。这种层层递进的结构将帮助读者逐步掌握计算机视觉的核心概念与技能。

本书的亮点之一是以鸟类目标检测实践项目为例。鸟类目标检测是计算机视觉领域的一项重要任务，它不仅有助于推进生态研究和保护工作，还反映了人与自然和谐共生的理念。通过使用先进的计算机学习算法和图像处理技术，可以更好地监测与保护鸟类种群，同时有助于推动绿色发展，使人类社会与自然环境之间实现更加平衡、和谐的关系。读者可以通过这个项目学习如何搭建一个完整的目标检测系统。从数据收集和预处理到模型训练及评估，再到结果可视化和解释，读者都能在本书中查看详细的操作步骤和实例代码，以深入理解计算机视觉的实际应用。

本书由张腾龙、闫硕担任主编，黄奕凯担任副主编。本书是在北京信息科技大学大学生创新创业大赛人工智能项目的基础上编写的，并受到国家自然科学基金项目资助（项目名称为“大跨度盲环境中多源多域信息融合的可穿戴式个人定位方法研究”，项目批准号为 61971048）。首先，感谢李擎教授对编写本书的倡议和鼓励；其次，感谢北京信息科技大学和高动态导航技术北京市重点实验室人员的支持；再次，感谢所有参与编写本书的人员，因为你们的辛勤工作和专业知识才让本书顺利完成；最后，感谢网络上的优秀开发者和博主，因为你们的开源精神，让读者可以快速地学习前沿技术。

为了方便教师教学，本书提供相应的配套资源，有需要的读者可在登录华信教育资源网后免费下载。

由于编者水平有限，书中难免存在疏漏与不足之处，恳请广大读者批评指正，以便再版时进行完善。

编　者

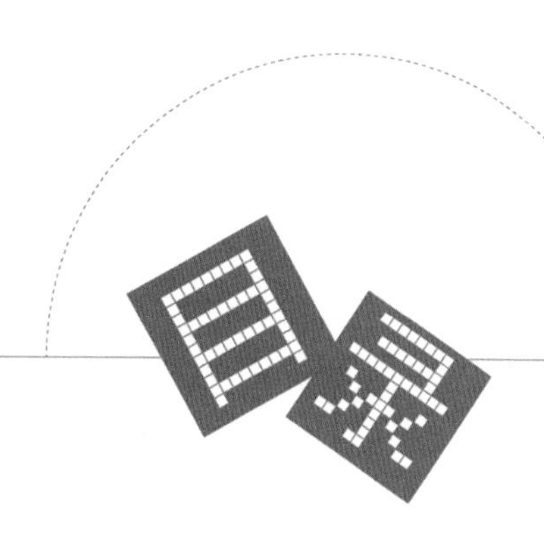

项目 1　计算机视觉概述 001

任务 1　计算机视觉入门 002

任务 2　计算机视觉的主流方法及前沿技术 004

项目 2　视觉图像预处理 007

任务 1　了解图像的基础概念 008

任务 2　实践：使用 Python 实现图像变换 010

任务 3　了解图像点运算和图像灰度化 026

任务 4　实践：使用 Python 实现图像灰度化 028

任务 5　了解降噪技术 031

任务 6　实践：使用 Python 实现图像降噪 033

任务 7　了解图像增强技术 041

任务 8　实践：使用 Python 实现图像增强 043

项目 3　图像特征提取 048

任务 1　了解图像特征的基本定义 049

任务 2　实践：使用 Python 实现图像特征的提取 054

项目 4　图像分割 060

任务 1　了解图像分割 061

任务 2　实践：使用 Python 实现图像分割 063

项目 5　图像中的目标检测......071

任务 1　了解目标检测......072
任务 2　制作图片数据集......074
任务 3　实践：以 YOLOv5 为例实现目标检测......080

项目 6　综合实训......093

任务 1　安装 PyQt5......094
任务 2　设计一个图形用户界面......100

项目 1

计算机视觉概述

任务1

计算机视觉入门

任务描述

计算机视觉（Computer Vision，CV）是完成鸟类目标检测实践项目的核心技术。用户通过学习本任务可以直观地了解计算机视觉的基本概念与发展历史，为后续任务的实施奠定理论基础。

任务目标

（1）了解计算机视觉的基本概念。
（2）了解计算机视觉的发展历史。

任务实施

1. 计算机视觉的基本概念

请观察并思考，你能在 1 秒内数出图 1-1（a）中的鸟的数量吗？你能在 10 秒内大致估计出图 1-1（b）中鸟的数量吗？

（a）　　　　（b）

图 1-1　鸟的数量

很显然，在图 1-1（a）中，我们很容易依靠眼睛看出鸟的数量；但是在图 1-1（b）中，我们却很难在短时间内估计出正确的鸟的数量。很多时候，人类的视觉是有局限性的，这就需要借助计算机视觉来帮助我们完成任务。

人类依靠双眼感知世间万物。视觉是人类的感觉之一，人眼每天接收着海量的信息，并通过大脑对这些信息进行处理。而计算机视觉就是使用计算机及相关设备对生物视觉的一种模拟，来实现类似人眼观察世界的这一过程。计算机视觉既能代替人眼，模拟人类视觉的优越能力，完成一些单靠人眼就能完成的机械性任务；又能弥补人类视觉的缺陷，完成一些单靠人眼很难完成的任务。

当计算机视觉模拟人类视觉时，"眼睛"和"大脑"是必不可少的重要组成部分。摄像机等拍摄仪器是计算机视觉的"眼睛"，首先利用摄像机代替人眼对目标进行拍摄，将图像传输到"大脑"（计算机）中，然后计算机利用人工智能技术对图像进行识别、跟踪和测量等，并进一步处理图像，创建能够从图像或多维数据中获取信息的人工智能系统。

2. 了解计算机视觉的发展历史

计算机视觉经历了萌芽、发展、成长及成熟的过程，已经成为一门相对成熟的技术。

计算机视觉萌芽于对生物视觉工作原理的探索中。20 世纪 50 年代，Hubel 和 Wiesel 从电生理学的角度来分析猫的视觉皮层系统，从中发现了视觉通路的信息分层处理机制。Russell 团队研制了一台可以将图像转化为能被二进制计算机理解的灰度值的仪器，第一张数字图像 Russell 的婴儿照就此诞生。

20 世纪 60 年代，计算机视觉逐步发展，可以将二维场景扩展到三维场景。二维到三维的扩展是计算机辅助三维系统的一个良好开端。当时人们认为只要提取出物体的形状，并对其进行空间关系描述，即可对任意复杂的三维场景建模。1966 年，麻省理工学院实验室启动了名为"Summer Vision Project"的项目，标志着计算机视觉作为一个新的科学领域从此正式诞生了。

20 世纪 70 年代中期，麻省理工学院人工智能实验室（CSAIL）正式开设了计算机视觉课程。1977 年，David Marr 提出了计算机视觉理论，该理论为计算机视觉领域奠定了重要的理论基础，使计算机视觉有了更明确的体系。

20 世纪 80 年代，计算机视觉开始作为一门独立学科，由相关理论研究开始逐步向应用发展。但到 20 世纪 90 年代，计算机视觉仍未得到大规模应用。直到 1999 年英伟达公司在推销 Geforce 256 芯片时，首次提出了图形处理单元（Graphics Processing Unit，GPU）的概念。GPU 是专门用于图像和图形运算工作的微处理器。随着 GPU 技术的发展与应用，游戏、图形设计、视频等行业逐渐加速发展，越来越多的高画质游戏、高清图像和视频也随之出现。

21 世纪初期，计算机视觉的发展进入了新阶段，在人们停止创建三维模型重建对象，而转向基于特征的对象识别后，计算机视觉得到了更广泛的应用，各种图像分类、目标检测算法如雨后春笋般出现。随着深度学习技术的发展，2017 年—2018 年，深度学习框架的开发进入成熟期，PyTorch 和 TensorFlow 已成为首选框架，它们都提供了针对多项任务（包括图像分类）的大量预训练模型。在 2018 年后，深度学习逐渐流行并变得"火热"，在各个领域都得到了广泛的应用，目前图像处理领域的算法基本都应用的是深度学习。

任务 2

计算机视觉的主流方法及前沿技术

任务描述

计算机视觉作为一门独立学科，有不同的研究方向，而不同研究方向的主流方法也各不相同。读者通过学习本任务能够熟悉计算机视觉的主流方法及前沿技术，对其技术与方法能有更加系统的认知，为后续任务的实践奠定技术基础。

任务目标

（1）了解计算机视觉的主要研究方向。
（2）熟悉图像分割的方法、目标检测的算法。

任务实施

1. 计算机视觉的主要研究方向

目前，计算机视觉主要有图像分割、图像分类、图像生成、目标追踪、目标检测、三维重建、图像增强等研究方向，如图 1-2 所示。下面介绍几种主要研究方向及方法。

图像分割：将图像分割成若干个特定的、具有独特性质的区域，并将人们需要的或感兴趣的目标提取出来的技术；也是将数字图像分割成互不相交的区域，并为属于同一区域的像素赋予相同编号的过程。图像分割是图像识别和计算机视觉的至关重要的预处理过程，没有正确的分割，就不可能有正确的识别。

图像分类：根据图像信息中反映的不同特征，按照一定的规则将图像分为不同类别的过程。图像分类的应用非常广泛，如网络图像检索、医学图像分类等。

图像生成：利用计算机视觉技术和深度学习模型能够自动生成具有特定内容或风格的图像、图形等。图像生成可以应用在各种领域，如艺术创作、设计、娱乐、广告、医学影像等。

目标追踪：在给定第一帧图像中的目标位置之后，利用算法预测后续帧图像中的目标位置的方法。目标追踪有很广泛的应用，如视频监控、人机交互、无人驾驶等。

目标检测：利用算法找出图像中所有感兴趣的目标，并确定其位置和类别的过程。目标检测主要应用在人脸检测（智能考勤、人脸支付）、行人检测（智能辅助驾驶、智能监控）等领域。

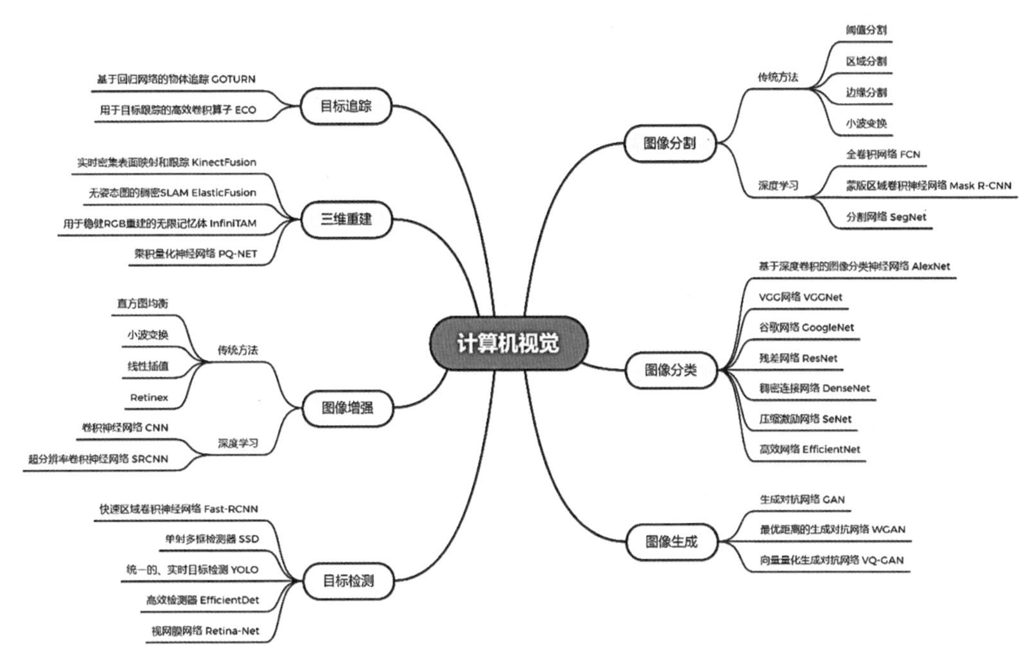

图 1-2　计算机视觉的研究方向及方法

2. 图像分割的方法

目前图像分割的方法大致可以分为传统方法和深度学习方法这两大类。其中，传统方法主要有阈值分割、区域分割、边缘分割等。深度学习方法有 FCN、Mask R-CNN、SegNet 等经典模型。

阈值分割：使用一个或几个阈值将图像的灰度直方图分成几类，并认为图像灰度值在同一类中的像素点属于同一物体。该方法可以直接利用图像的灰度，计算简单、效率高、速度快，能够较好地分割差异很大的不同目标和背景，但是在分割灰度差异不明显，或者灰度值有重叠的不同目标时容易出错。

区域分割：采用分裂或合并的方法连通具有相似性质的像素，从而构成最终分割区域，这样能够有效克服图像分割空间小且连续的问题，获得较好的区域特征，得到具有区域结构的分割图，但是容易造成分割过度。

边缘分割：根据“不同区域之间的边缘上像素灰度值变化比较剧烈”这一假设来实现边缘分割，通常使用灰度的一阶或二阶微分算子进行边缘分割。边缘分割的搜索检测速度快，适用于低噪声干扰和边缘变化大的情况，但是对于边缘不连续的情况得不到较好的分割效果，算法的抗噪性与精度矛盾。

FCN（Fully Convolutional Networks，全卷积网络）：用于将传统 CNN（Convolutional Neural Networks，卷积神经网络）后面的全连接层换成卷积层，这样网络输出的是热力图而非类别。FCN 可以从 CNN 获取的抽象特征中恢复每个像素所属的类别，即从图像级别的分类进一步延伸到像素级别的分类，进而实现图像的分割。

Mask R-CNN（Region-based Convolution Neural Networks，基于区域的卷积神经网

络）：用于解决图像中的实例分割问题，不仅能够识别图像中的对象，还能够为检测的对象生成一个高精度的像素级别的掩膜（Mask）。该算法是 Fast R-CNN 算法的扩展，并且引入了 ROI Align（Region of Interest Align，关键区域对齐）算法来解决池化过程中像素位置不精确的问题。

SegNet：用于实现自动驾驶或智能机器人的图像语义分割深度网络，SegNet 基于 FCN，与 FCN 的思路十分相似，只是其编码/解码器与 FCN 略有不同。SegNet 在解码器中使用去池化对特征图进行上采样，并在分割中保持高频细节的完整性，而在编码器中不使用全连接层，因此 SegNet 是拥有较少参数的轻量级网络。

3. 目标检测的算法

经典的目标检测算法根据流程可以分为两种，分别是 Two-Stage 算法和 One-Stage 算法。

在使用 Two-Stage 算法检测目标时，需要先生成一个可能包含待检测物体的预选框，再通过卷积神经网络进行样本分类。常见的算法有 R-CNN、SPP-Net、Fast R-CNN 等。

在使用 One-Stage 算法时，不需要先生成预选框，而是直接在网络中提取特征来预测物体分类和位置。常见的算法有 OverFeat、YOLO、SSD 等。

在上述两种算法中，Two-Stage 算法的检测精度较高，但是检测速度较慢；One-Stage 算法的检测精度较低，但检测速度较快。

项目2

视觉图像预处理

任务1

了解图像的基础概念

任务描述

在使用计算机对图像进行分析和操作之前，首先需要建立对场景中几何形状的描述，即图像的表示。读者通过学习本任务能够了解二维基本图形元素和三维基本图形元素，为后续图像处理奠定基础。

任务目标

（1）了解基本图形元素的概念。
（2）熟悉二维坐标变换。
（3）熟悉三维到二维的投影。

任务实施

1. 了解基本图形元素

基本图形元素（Geometric Primitives）又被称为图元。本书使用的基本图形元素可以分为二维基本图形元素和三维基本图形元素，即点、线和平面。各种基本图形元素构成了三维形状。

二维点：图像中的像素坐标，使用一对坐标值表示，也可以使用齐次坐标表示。

二维直线：使用齐次坐标表示。

二维曲线：使用简单多项式齐次方程或二次方程表示。

三维点：使用非齐次坐标表示。

2. 二维坐标变换

常见的二维平面上的坐标变换有平移变换、欧式变换、相似变换、仿射变换、投影变换等。

平移变换：在平面内，将一个图形整体沿某一方向由一个位置平移到另一个位置的过程。此变换不改变形状、大小和方向，只改变位置。

欧式变换：在欧几里得空间中，通过一定的数学变换将一个点或图形转换为另一个点或图形的过程。此变换不改变形状和大小，只改变位置和方向。

相似变换：由原始图形得到新的图形的过程。此变换不改变形状，只改变位置、大小和方向。

仿射变换：在二维空间对图形进行平移、旋转、缩放等操作的过程。变换后得到的图形与原始图形的形状、位置、大小和方向均可能发生改变，但是保持了图形的平直性（如果两条线是平行的，则在仿射变换后两条线仍然平行）。

投影变换：又被称为透视变换或单应性变换。投影变换可以彻底改变图形的位置和形状，但不能将直线变成曲线。

3. 三维到二维的投影

由于本节介绍的重点是对二维图像的处理，所以这里不再对三维坐标的变换进行详细说明，实际上三维坐标变换的原理与二维坐标变换的原理十分相似。

通过前面的介绍，我们已经知道了如何表示和变换二维空间上的基本图形元素，现在需要解决的问题是：如何将三维基本图形元素投影到二维图像平面上。对于这个问题，我们可以使用三维到二维的线性投影矩阵进行变换，常用的方法有正交投影和透视投影。

正交投影：使用一个长方体来取景，并把场景投影到这个长方体的前面，这个正交投影不会有透视收缩效果（距离远的物体在图像平面上要小一些）。由于正交投影保证平行线在投影后仍然保持平行，这也就使得物体之间的相对距离在投影后保持不变。简单来说，正交投影能够忽略物体远近时的缩放变化，将物体以原比例投影到截面（如显示屏幕）上，能实现这样效果的照相机又被称为正交投影照相机或正交照相机。

透视投影：在计算机图形学和计算机视觉中，最常用的实际上是透视投影，透视投影与正交投影一样，也是把一个空间体（以投影中心为顶点的透视四棱锥）投影到一个二维图像平面上。然而，透视投影还有透视收缩效果，即距离远的物体在图像平面上的投影比距离近的物体在图像平面上的投影要小一些。

与正交投影不同的是，透视投影并不能保证距离和角度的相对大小不变，所以平行线的投影并不一定是平行的。换言之，透视投影能够实现一个物体在距离近时投影比较大，距离远时投影比较小，能实现这样效果的照相机又被称为远景照相机。远景照相机常用来开发 3D 游戏，其工作原理是根据照相机和物体之间的距离缩放投影的比例（也就是截面的大小）。透视投影与人眼或相机镜头生成三维世界图像的原理还是很接近的。

任务 2

实践：使用 Python 实现图像变换

任务描述

图像变换是图像处理的重要部分，实现图像变换是完成计算机视觉任务的第一步。本任务将带领各位读者了解 OpenCV 计算机视觉库，并使用简单的 Python 代码来实现图像的变换操作，由原始图像得到变换后的图像，包括平移变换、缩放变换、旋转变换、仿射变换和透视变换。由于本任务为带领读者动手实践的第一个任务，包含的内容较多，但本任务的难度较低，方便读者学习。此外，由于读者的计算机配置不同，因此本书不介绍各种应用软件的安装方式，书中提到的软件需要读者自行安装。对于集成开发环境，推荐使用 PyCharm Community，本书的运行系统为 Windows 11，推荐在 Python 3.8.5 下运行代码。

任务目标

（1）了解 OpenCV。
（2）使用 Anaconda 创建虚拟环境并安装 OpenCV。
（3）使用 Python 实现图像平移变换。
（4）使用 Python 实现图像缩放变换。
（5）使用 Python 实现图像旋转变换。
（6）使用 Python 实现图像仿射变换。
（7）使用 Python 实现图像透视变换。

任务实施

1. 什么是 OpenCV

OpenCV（Open Source Computer Vision Library）是一个开源的计算机视觉和图像处理库，提供了丰富的函数和工具，用于处理图像和实时视频数据。

OpenCV 最初由 Intel 公司于 1999 年开发，目的是提供一个通用的计算机视觉库，可以支持各种视觉任务和应用开发。如今，OpenCV 已成为开源计算机视觉库，并且被学术界和工业界广泛应用。

OpenCV 的主要特点和功能如下。

- 跨平台性：OpenCV 支持多个操作系统，如 Windows、Linux、macOS 和 Android 等。这使开发者可以在不同平台上进行计算机视觉项目的开发和部署。
- 多领域支持：OpenCV 涵盖计算机视觉领域的大部分内容，包括图像处理、特征提取、目标检测、物体跟踪、机器学习、深度学习、立体视觉、运动分析等。它可以提供大量的函数和算法，使开发者能够进行各种视觉任务的实现和研究。
- 高性能和优化：OpenCV 的底层实现采用高度优化的 C/C++代码，并且充分利用硬件加速和并行计算，可以提高图像处理和计算的性能。
- 大规模社区支持：OpenCV 拥有一个庞大的用户社区，而开发者可以从社区中获取支持、交流经验，并与他人分享自己的代码和项目。这就使 OpenCV 成为一个活跃的、不断发展的开源计算机视觉生态系统。
- Python 绑定：OpenCV 可以提供完整的 Python 编程接口，用户在使用 Python 进行计算机视觉开发时更加方便和容易。用户可以利用 Python 的简洁和易读性，快速实现各种图像处理和计算机视觉任务。

由于本书中的代码主要为 Python 代码，因此只介绍如何在 Python 中使用 OpenCV 进行图像处理。首先需要在计算机上安装 OpenCV，一般推荐使用命令提示符安装 OpenCV，或者在 PyCharm 编辑器中安装。这里建议在 Anaconda 创建的虚拟环境中安装 OpenCV。下面将介绍如何完成这一过程。

2. 使用 Anaconda 创建虚拟环境并安装 OpenCV

（1）使用 Anaconda 创建虚拟环境。

Anaconda 是一个用于科学计算及数据科学的开源 Python 发行软件，同时也是环境管理器。它是为了简化 Python 的安装和管理而创建的，可供数据分析、机器学习和科学计算等领域的开发者和研究人员使用。

Anaconda 集成了 Conda 包管理系统，可以帮助用户轻松地安装、更新和管理 Python 包和依赖项。Conda 能够自动解决依赖关系，并创建独立的环境，不同项目可以使用不同的 Python 版本和包集合。同时，Anaconda 能够创建和管理多个独立的 Python 环境，可以用于隔离不同项目的依赖，以及满足版本要求。用户可以在不同的环境中安装不同版本的 Python 和库，以满足特定的项目需求。本书不介绍 Anaconda 的安装，但可以指导读者使用 Anaconda 创建虚拟环境。

下面主要介绍利用输入终端命令的方式来使用 Anaconda 创建虚拟环境。

① 按“Win+R”组合键，打开“运行”对话框，在“打开”文本框中输入“cmd”命令，如图 2-1 所示，单击“确定”按钮打开命令提示符窗口。

图 2-1　打开“运行”对话框

或者在计算机屏幕下方的搜索栏中输入“运行”，如图 2-2 所示。单击“运行”按钮，同样可以打开“运行”对话框。

在搜索栏中输入“Anaconda Prompt”，并在弹出的菜单右侧中单击“打开”按钮，即可进入 Anaconda Prompt 终端，如图 2-3 所示。

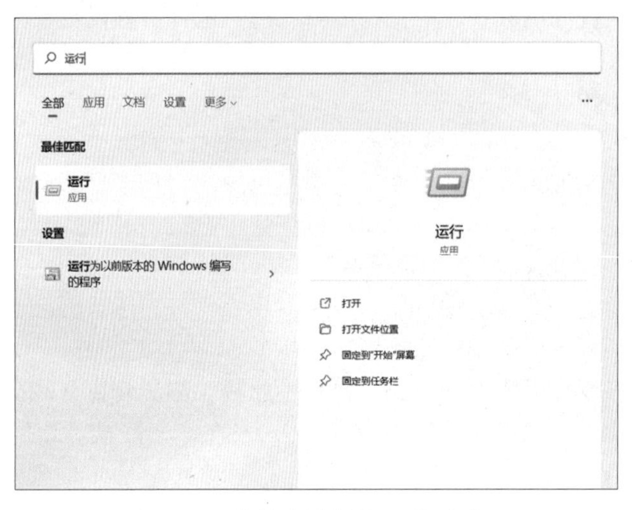

图 2-2　在搜索栏中输入“运行”

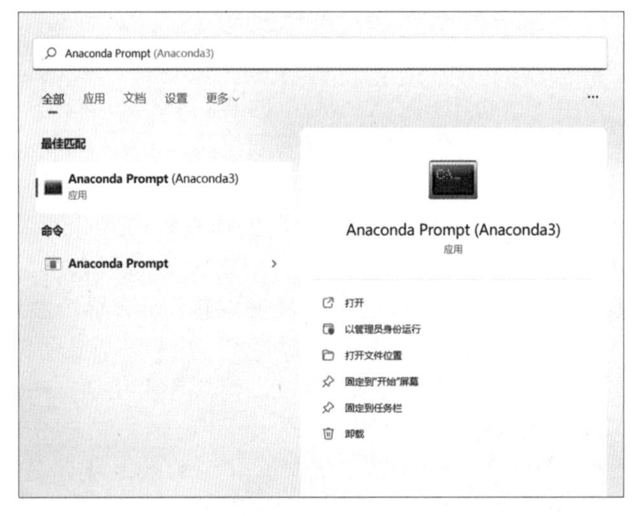

图 2-3　进入 Anaconda Prompt 终端

② 接着在上述终端中（命令提示符窗口或 Anaconda Prompt 终端均可）输入如下命令，如图 2-4 所示。

```
conda create -n 虚拟环境名 python==3.8.5
```

其中，虚拟环境名由用户自定义，其中不能出现中文。

这里输入“y”命令，即可开始创建虚拟环境并安装相关依赖，如图 2-5 所示。

③ 创建出一个虚拟环境，同样在终端中输入“conda env list”命令，并按“Enter”键，查看 Conda 虚拟环境列表，如图 2-6 所示，如果出现刚才创建的虚拟环境名，则证明虚拟环境创建成功。

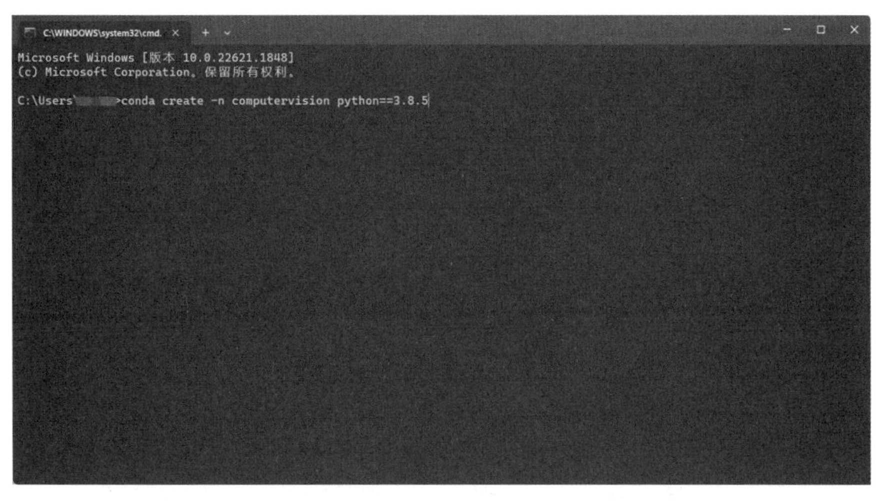

图 2-4　在终端中输入命令

```
  openssl-1.1.1u              |        hcfcfb64_0         5.0 MB  https://mirrors.ustc.edu.cn/anaconda/cloud/conda-forge
  python-3.8.5                |h60c2a47_9_cpython        18.9 MB  https://mirrors.ustc.edu.cn/anaconda/cloud/conda-forg
e
  python_abi-3.8              |           3_cp38            6 KB  https://mirrors.ustc.edu.cn/anaconda/cloud/conda-forge
  setuptools-68.0.0           |      pyhd8ed1ab_0         453 KB  https://mirrors.ustc.edu.cn/anaconda/cloud/conda-forge
  sqlite-3.42.0               |        hcfcfb64_0         821 KB  https://mirrors.ustc.edu.cn/anaconda/cloud/conda-forge
  vc-14.3                     |       h64f974e_17          17 KB  https://mirrors.ustc.edu.cn/anaconda/cloud/conda-forge
  vc14_runtime-14.36.32532    |       hfdfe4a8_17         723 KB  https://mirrors.ustc.edu.cn/anaconda/cloud/conda-forge
  vs2015_runtime-14.36.32532  |       h05e6639_17          17 KB  https://mirrors.ustc.edu.cn/anaconda/cloud/conda-forge
  ------------------------------------------------------------
                                           Total:        26.8 MB

The following NEW packages will be INSTALLED:

  ca-certificates    anaconda/cloud/conda-forge/win-64::ca-certificates-2023.5.7-h56e8100_0
  libsqlite          anaconda/cloud/conda-forge/win-64::libsqlite-3.42.0-hcfcfb64_0
  openssl            anaconda/cloud/conda-forge/win-64::openssl-1.1.1u-hcfcfb64_0
  pip                anaconda/cloud/conda-forge/noarch::pip-23.1.2-pyhd8ed1ab_0
  python             anaconda/cloud/conda-forge/win-64::python-3.8.5-h60c2a47_9_cpython
  python_abi         anaconda/cloud/conda-forge/win-64::python_abi-3.8-3_cp38
  setuptools         anaconda/cloud/conda-forge/noarch::setuptools-68.0.0-pyhd8ed1ab_0
  sqlite             anaconda/cloud/conda-forge/win-64::sqlite-3.42.0-hcfcfb64_0
  ucrt               anaconda/cloud/conda-forge/win-64::ucrt-10.0.22621.0-h57928b3_0
  vc                 anaconda/cloud/conda-forge/win-64::vc-14.3-h64f974e_17
  vc14_runtime       anaconda/cloud/conda-forge/win-64::vc14_runtime-14.36.32532-hfdfe4a8_17
  vs2015_runtime     anaconda/cloud/conda-forge/win-64::vs2015_runtime-14.36.32532-h05e6639_17
  wheel              anaconda/cloud/conda-forge/noarch::wheel-0.40.0-pyhd8ed1ab_0

Proceed ([y]/n)?
```

图 2-5　输入“y”命令开始创建虚拟环境并安装相关依赖

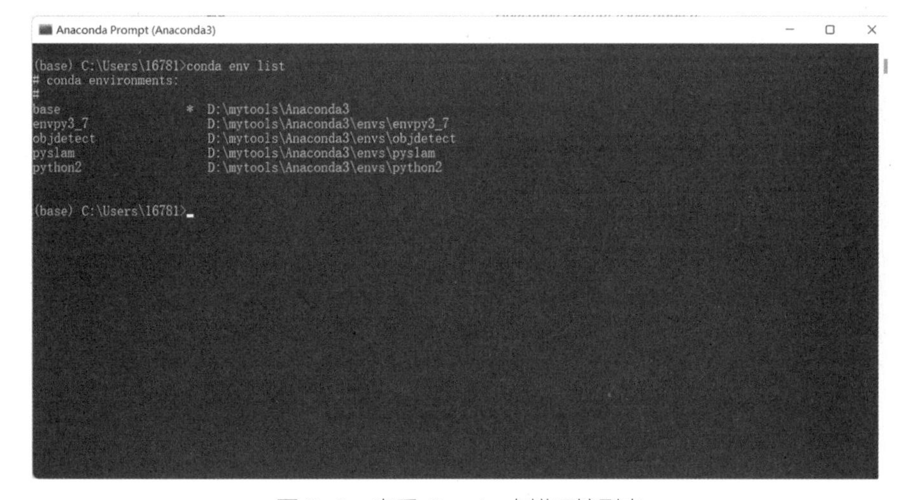

图 2-6　查看 Conda 虚拟环境列表

项目 2　视觉图像预处理

④ 继续在终端中输入“conda activate 虚拟环境名”命令，即可进入虚拟环境，如图 2-7 所示。可以看到在进入虚拟环境后，命令名的开头会出现“(虚拟环境名)”，这个虚拟环境就是用户所处的工作环境，用户可以在其中安装软件包及运行程序。

图 2-7 进入虚拟环境

至此，完成 Anaconda 虚拟环境的创建。

（2）配置项目的解释器。

为了方便后续软件包的安装，建议在 PyCharm 编辑器中为项目配置 Anaconda 虚拟环境的解释器，具体操作步骤如下。

① 双击 PyCharm Community Edition 图标，打开 PyCharm 编辑器界面，如图 2-8 所示。

图 2-8 打开 PyCharm 编辑器界面

② 单击 PyCharm 编辑器界面右下角的解释器按钮，在弹出的列表中选择“解释器设置”选项，如图 2-9 所示，打开 PyCharm 解释器设置界面。

③ 在 Python 解释器列表中选择带有工作环境名的解释器作为项目的虚拟环境解

释器，如图 2-10 所示。

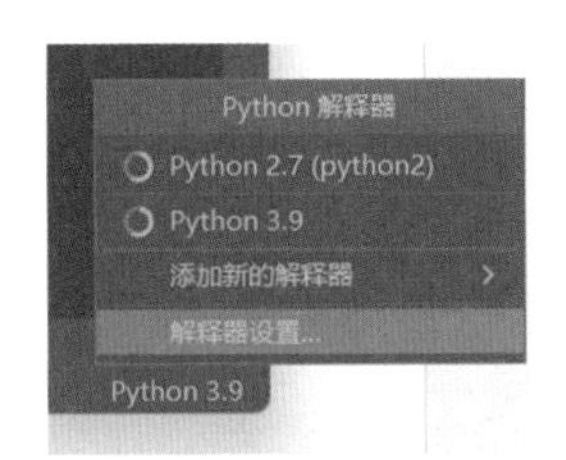

图 2-9　选择“解释器设置”选项

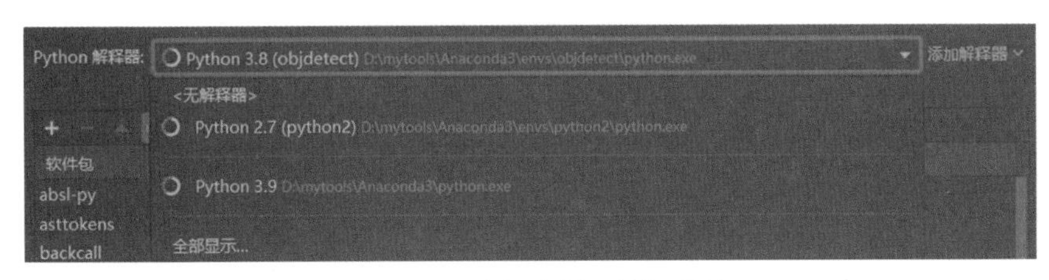

图 2-10　选择虚拟环境解释器

④ 如果没有带工作环境名的虚拟环境解释器，则单击 Python 解释器设置界面中的“全部显示”按钮。

如果仍没有目标解释器，则单击 Python 解释器设置界面左上角的+按钮，添加自己的虚拟环境解释器路径，如图 2-11 所示。

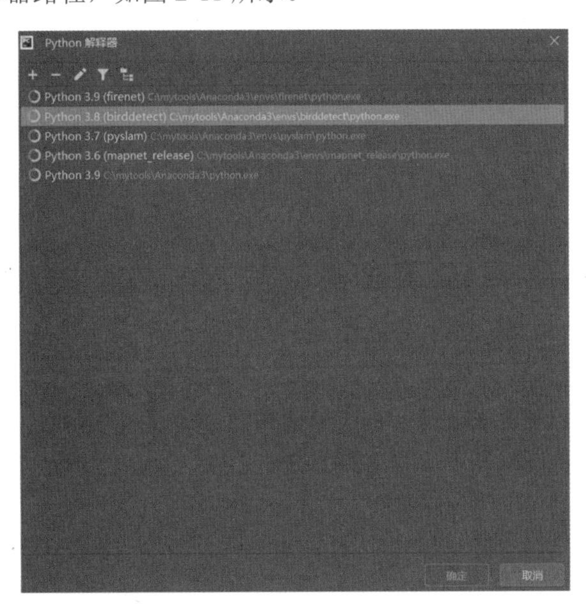

图 2-11　添加虚拟环境解释器路径

⑤ 选择带工作环境名的虚拟环境解释器即可完成配置。

至此，完成虚拟环境解释器的设置。

（3）安装 OpenCV。

推荐使用 PyCharm IDE 或直接输入命令来安装 OpenCV。用户最好在 Anaconda 虚拟环境中完成该操作。

① 使用 PyCharm IDE 安装 OpenCV。

进入 PyCharm 编辑器界面，单击右下角的解释器按钮，并在打开的列表中选择带工作环境名的虚拟环境解释器作为项目的解释器。单击+按钮，打开软件包安装界面，如图 2-12 所示。

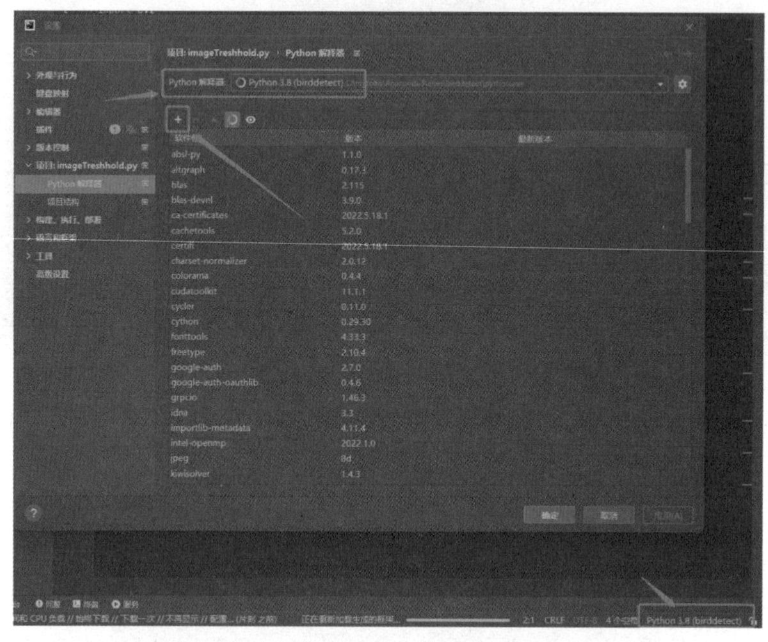

图 2-12　打开软件包安装界面

在搜索栏中输入“opencv python”命令，即可出现所需的 OpenCV 软件包，选择相应的软件包后，如图 2-13 所示，单击“安装软件包”按钮即可。

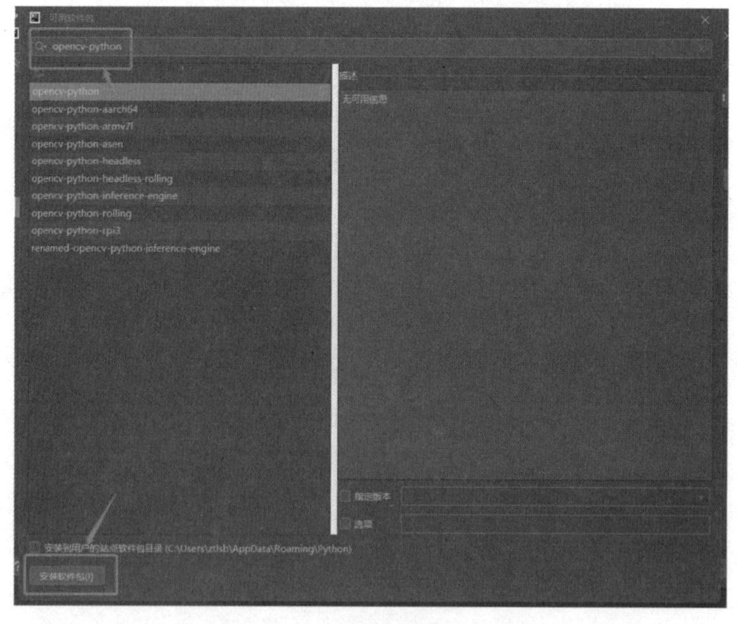

图 2-13　选择相应的软件包

② 使用命令安装 OpenCV。

打开命令提示符窗口（系统自带的终端或 Anaconda Prompt 终端均可），并输入“conda activate 虚拟环境名”命令，按“Enter”键即可进入工作环境，如图 2-14 所示。

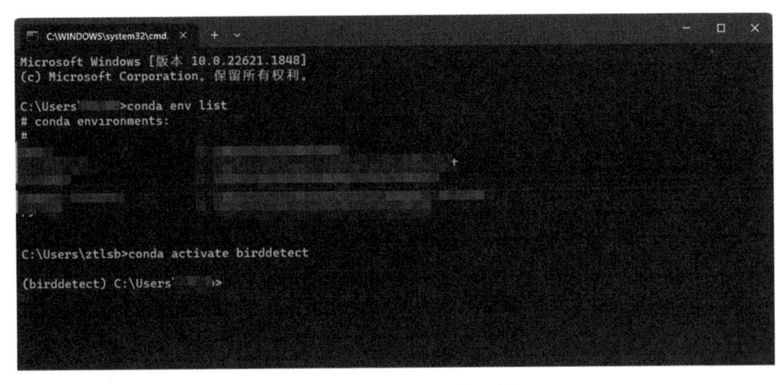

图 2-14　进入工作环境

在命令提示符窗口中输入“pip install opencv-python”命令，按“Enter”键，等待下载完成即可。

至此，OpenCV 安装成功，可以在 Python 中调用 OpenCV 来实现各项计算机视觉任务。

3. 使用 Python 实现图像平移变换

图像平移是将图像中的所有像素点按照给定的平移量进行水平或垂直方向上的移动。在 Python 中，一般使用 OpenCV 中的 warpAffine()函数来实现图像的平移变换，该函数的语法格式如下：

```
dst = cv2.warpAffine(src,M,(cols,rows))
```

其中，src 表示原始图像，M 表示平移矩阵，(cols,rows)表示平移后图像的行数和列数。

平移矩阵 M 的语法格式如下：

```
M=np.float32([[1,0,x],[0,1,y]])
```

其中，x 表示水平方向上的位移量，y 表示垂直方向上的位移量。实际上，旋转矩阵来源于其数学表示，假设图像原始像素位置的坐标为(x_0,y_0)，平移量为$(\Delta x,\Delta y)$，平移后坐标变为(x_1,y_1)，用公式表示为：

$$\begin{aligned} x_1 &= x_0 + \Delta x \\ y_1 &= y_0 + \Delta y \end{aligned} \tag{2-1}$$

用矩阵表示为：

$$\begin{bmatrix} x_1 & y_1 & 1 \end{bmatrix} = \begin{bmatrix} x_0 & y_0 & 1 \end{bmatrix} \begin{bmatrix} 1 & 0 & 0 \\ 0 & 1 & 0 \\ \Delta x & \Delta y & 1 \end{bmatrix} \tag{2-2}$$

可以看出，其实平移矩阵 M 中的(x,y)就是矩阵中的平移量$(\Delta x,\Delta y)$。

下面对红腹锦鸡原始图像进行简单的平移变换，如图 2-15 所示，在水平方向上平移 50 像素，在垂直方向上平移 100 像素。

图 2-15　红腹锦鸡原始图像

① 准备一张平移变换的图像并命名，这里将其命名为“bird.jpg”，并创建一个以.py为后缀的脚本文件，将两者放在同一个文件夹中。

② 使用 PyCharm 编辑器打开以.py 为后缀的脚本文件，并在该脚本文件中输入如下代码：

```
import cv2
import numpy as np

# 读取图像
src = cv2.imread('bird.jpg')
# 定义变换矩阵
M = np.float32([[1, 0, 50], [0, 1, 100]])
# 获取图像的长宽
rows, cols = src.shape[:2]
# 平移图像
dst = cv2.warpAffine(src, M, (cols, rows))
cv2.imshow("src", src)
cv2.imshow("dst", dst)
# 等待显示
cv2.waitKey(0)
cv2.destroyAllWindows()
```

③ 单击 PyCharm 编辑器界面中的“运行”按钮，或者按“Ctrl+Shift+F10”组合键，即可得到图像平移变换结果，图像平移变换前后的结果如图 2-16 所示。

(a)

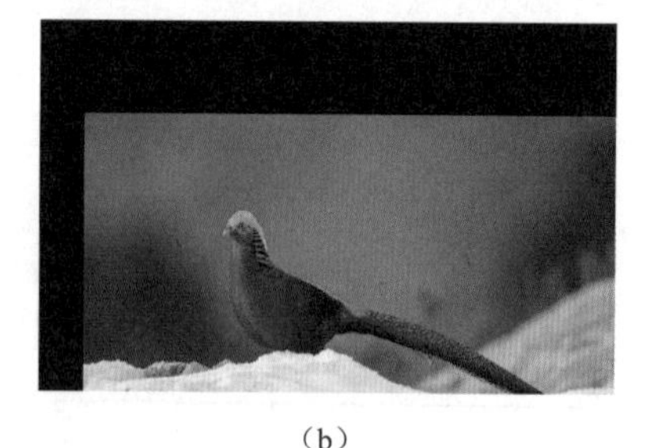

(b)

图 2-16　图像平移变换前后的结果

4. 使用 Python 实现图像缩放变换

图像缩放是指对图像大小进行调整的过程。在 Python 中，用户可以使用 OpenCV

中的 resize()函数完成图像的缩放。resize()函数有如下两种语法格式：

```
dst = cv2.resize(src,dsize)                  # 第一种
dst = cv2.resize(src,None,fx=,fy=)           # 第二种
```

其中，src 表示原始图像，dsize 表示缩放图像的大小，fx、fy 表示图像在 *X* 轴方向、*Y* 轴方向上的放大倍数。例如，使用下面的代码可以将原图像缩放为 320 像素×320 像素：

```
dst = cv2.resize(src,(320,320))
```

而使用下面的代码可以将原始图像的长宽分别缩小为原来的 0.7 倍。

```
dst = cv2.resize(src,None,fx=0.7,fy=0.7)
```

当然，这种缩放方式可以改变原始图像的长宽比例，使原始图像发生形变。

另外，resize()函数除了可以使用上述参数，还可以使用参数 interpolation。interpolation 默认为双线性插值变换，可以根据需要选择关系重采样、立方插值及最近邻差值等插值方法。用户可以尝试在进行图像缩放时使用其他插值方法，从而观察不同插值方法之间的不同。

① 创建一个以.py 为后缀的脚本文件，使用 PyCharm 编辑器打开该脚本文件，并输入如下代码：

```
# encoding:utf-8
import cv2
# import numpy as np

# 读取图像
src = cv2.imread('bird.jpg')
# 缩放图像
dst = cv2.resize(src, (320, 320))
print(src.shape)
print(dst.shape)
cv2.imshow("src", src)
cv2.imshow("dst02", dst)
cv2.waitKey(0)
cv2.destroyAllWindows()
```

② 运行代码，输出结果如下。

```
(400, 640, 3)
(200, 320, 3)
```

图像缩放变换前后的结果如图 2-17 所示。

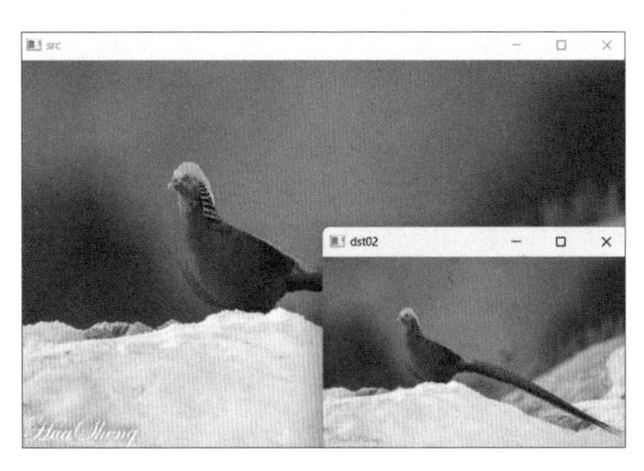

图 2-17 图像缩放变换前后的结果

③ 在对图像进行平移、缩放等变换时，为了更好地查看变换效果，我们希望将这些图像放在一起进行对比。为了达到这个目的，可以使用 matplotlib 绘图库中的 pyplot 模块，代码如下：

```
import cv2
import numpy as np
import matplotlib.pyplot as plt

src = cv2.imread('bird.jpg')
dst = cv2.resize(src, (320, 200))
src1 = cv2.cvtColor(src,cv2.COLOR_RGB2BGR)                # 交换颜色空间
dst1 = cv2.cvtColor(dst,cv2.COLOR_RGB2BGR)
fig = plt.figure(figsize=(6,4),dpi=200)                   # 创建画布

# 显示图像
titles = ['Image1', 'Image2']
images = [src1,dst1]
plt.subplot(1, 2, 1), plt.imshow(images[0], 'gray')     # 创建子图
plt.title(titles[0])
plt.xticks([0,600]), plt.yticks([0,600])
plt.subplot(1, 2, 2), plt.imshow(images[1], 'gray')
plt.title(titles[1])
plt.xticks([0,600]), plt.yticks([0,600])
plt.show()
```

使用 subplot()函数进行图像缩放变换前后的结果如图 2-18 所示。subplot()函数输出的图像既美观，又方便对比结果，在图像处理工作中十分常用。

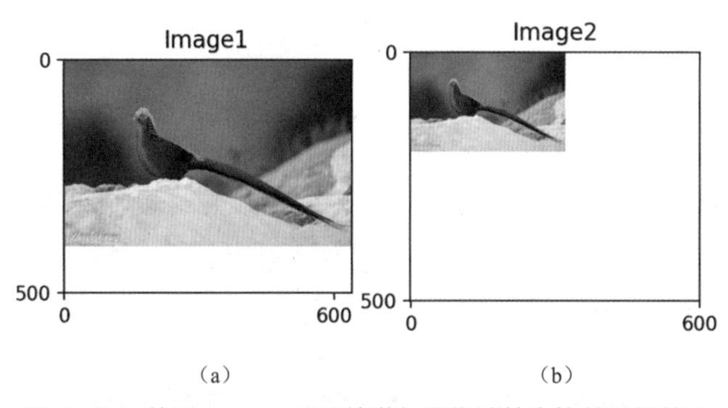

图 2-18　使用 subplot()函数进行图像缩放变换前后的结果

5. 使用 Python 实现图像旋转变换

图像旋转是指图像以某一点为旋转中心旋转一定的角度，形成一张新图像的过程。当进行图像旋转变换时需要围绕旋转中心进行变换。需要注意的是，图像旋转通常都会伴随着图像大小的改变。

图像旋转变换通常使用 getRotationMatrix2D()函数和 warpAffine()函数实现，这两个函数的语法格式分别如下：

```
M = cv2.getRotationMatrix2D(center,angle,scale)
```

```
result = cv2.warpAffine(src,M,(cols,rows))
```

其中，M 表示旋转参数，由 getRotationMatrix2D()函数求得；center 表示旋转中心，一般选择的图像中心点，即(cols/2,rows/2)；angle 表示旋转角度，单位为角度值，当 angle 的值为正值时，则表示逆时针旋转图像；scale 表示比例因子；(cols,rows)表示原始图像的宽度和高度。

下面介绍将图像逆时针旋转 30° 的实例。

① 创建一个以.py 为后缀的脚本文件，使用 PyCharm 编辑器打开该脚本文件，并输入如下代码：

```
# encoding:utf-8
import cv2
import numpy as np

# 读取图像
src = cv2.imread('bird.jpg')

# 计算图像的高度、宽度及通道数量
rows, cols, channel = src.shape

# 围绕图像的中心点进行旋转
M = cv2.getRotationMatrix2D((cols / 2, rows / 2), 30, 1)
dst = cv2.warpAffine(src, M, (cols, rows))

# 显示图像
cv2.imshow("src", src)
cv2.imshow("rotated", dst)

# 等待显示
cv2.waitKey(0)
cv2.destroyAllWindows()
```

② 运行代码，图像旋转变换前后的结果如图 2-19 所示。

(a)

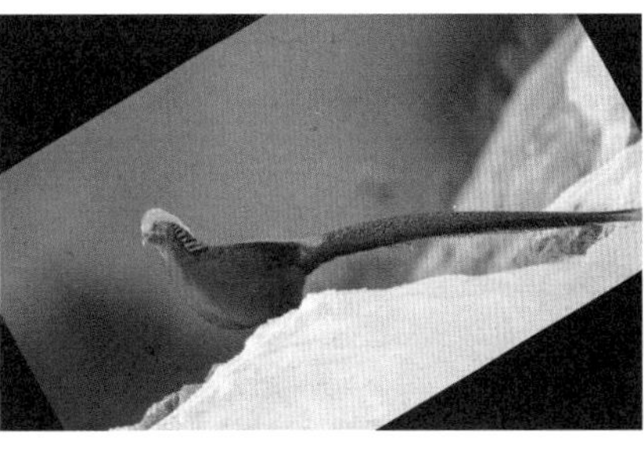

(b)

图 2-19　图像旋转变换前后的结果

6. 使用 Python 实现图像翻转变换

图像翻转是图像旋转的一种特殊情况，通常包括水平方向和垂直方向的翻转。水平翻转通常以原始图像的垂直中轴线为中心，将图像分为左右两部分进行对称变换。

垂直翻转通常以原始图像的水平中轴线为中心，将图像分为上下两部分进行对称变换的过程。水平翻转和垂直翻转如图 2-20 所示。

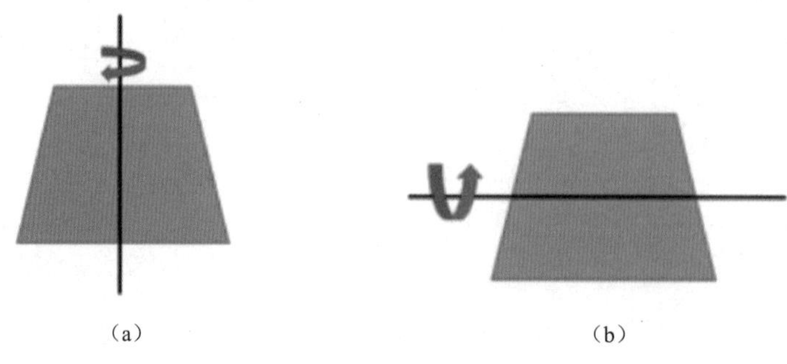

（a）　　　　（b）

图 2-20　水平翻转和垂直翻转

在 OpenCV 中，用户可以使用 flip()函数实现图像翻转变换，该函数的语法格式如下：

```
dst = cv2.flip(src,flipCode)
```

其中，src 表示原始图像；flipCode 表示翻转方向。如果 flipCode=0，则以 *X* 轴为对称轴进行垂直翻转；如果 flipCode>0，则以 *Y* 轴为对称轴进行水平翻转；如果 flipCode<0，则以 *Y*=*X* 为对称轴进行翻转。

下面介绍图像翻转变换的实例，对图像分别进行沿 *X* 轴、*Y* 轴、*Y*=*X* 翻转变换。

① 创建一个以.py 为后缀的脚本文件，使用 PyCharm 编辑器打开该脚本文件，并输入如下代码：

```
# encoding:utf-8
import cv2
import matplotlib.pyplot as plt

# 读取图像
src = cv2.imread('bird.jpg')
src = cv2.cvtColor(src,cv2.COLOR_RGB2BGR) # 变换颜色空间
# 翻转图像
# 分别以X轴、Y轴、Y=X为对称轴进行翻转
img1 = cv2.flip(src, 0)
img2 = cv2.flip(src, 1)
img3 = cv2.flip(src, -1)

# 显示图像
titles = ['Source', 'Image1', 'Image2', 'Image3']
images = [src, img1, img2, img3]
for i in range(4):
    plt.subplot(2, 2, i + 1), plt.imshow(images[i], 'gray')
    plt.title(titles[i])
    plt.xticks([]), plt.yticks([])
plt.show()
```

② 运行代码，图像翻转变换前后的结果如图 2-21 所示。

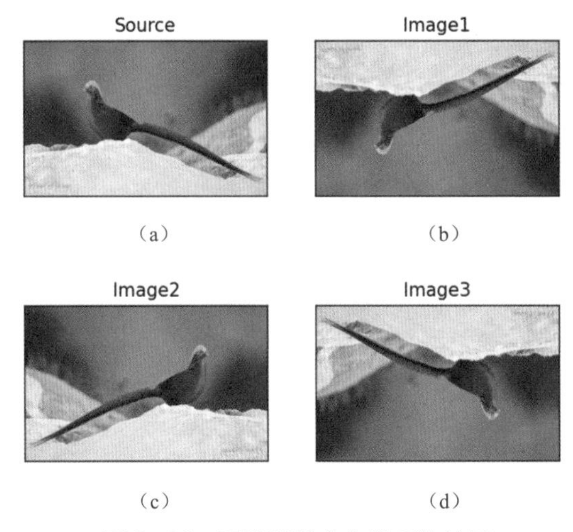

（a）（b）（c）（d）

图 2-21　图像翻转变化前后的结果

由此便完成了图像的翻转变换。

试一试：将 4 张图像分别进行缩放和翻转，并任意拼接在一张图像上。

7. 使用 Python 实现图像仿射变换

图像仿射变换又被称为图像仿射映射，是指在几何中一个向量空间进行一次线性变换并平移，该向量空间会变换为另一个向量空间。通常图像的旋转加上拉伸就是图像仿射变换。图像仿射变换需要通过一个矩阵 M 实现，但是由于仿射变换比较复杂，很难找到这个矩阵 M，因此 OpenCV 提供了根据仿射变换前后 3 个点的对应关系来自动求解矩阵 M 的函数：cv2.getAffineTransform(pos1,pos2)，其中，pos1 和 pos2 表示变换前后图像中对应点的位置，其格式为([x_1,y_1],[x_2,y_2],[x_3,y_3])。对 pos1 和 pos2 可以进行如下解释：2 个点可以确定一条直线，3 个点可以确定一个平面形状，pos1 表示原始图像中任意 3 个不共线的点的坐标，pos2 表示这 3 个点在变换后的对应位置的坐标，这样就可以通过这两个位置来确认仿射变换关系。在 Python 中，对图像进行仿射变换的函数的语法格式如下：

```
M = cv2.getAffineTransform(pos1,pos2)
dst = warpAffine(src,M,(cols,rows))
```

其中，dst 表示对原始图像 src 进行仿射变换的结果，与前面的平移变换和旋转变换类似，进行图像仿射变换同样需要使用 warpAffine()函数。实际上，需要用到矩阵 M 变换的都需要使用 warpAffine()函数。

下面介绍图像仿射变换的实例。

① 创建一个以.py 为后缀的脚本文件，使用 PyCharm 编辑器打开该脚本文件，并输入如下代码：

```
#encoding:utf-8
import cv2
import numpy as np
```

```
import matplotlib.pyplot as plt

# 仿射变换
#读取图像
src = cv2.imread('bird.jpg')

#获取图像的长宽
rows, cols = src.shape[:2]

#设置图像仿射变换矩阵
pos1 = np.float32([[50,50], [200,50], [50,200]])
pos2 = np.float32([[60,10], [200,50], [20,110]])
M = cv2.getAffineTransform(pos1, pos2)

#图像仿射变换
dst = cv2.warpAffine(src, M, (cols, rows))

#显示图像
cv2.imshow("original", src)
cv2.imshow("result", dst)

#等待显示
cv2.waitKey(0)
cv2.destroyAllWindows()
```

② 运行代码，图像仿射变换前后的结果如图 2-22 所示。用户也可以调整 pos1、pos2 来实现不同的仿射变换效果。

（a）

（b）

图 2-22　图像仿射变换前后的结果

8. 使用 Python 实现图像透视变换

图像透视变换的本质是将图像投影到一个新的视平面。进行图像透视变换同样需要构造一个矩阵 M。在 Python 中，用户可以使用 cv2.getPerspectiveTransform(pos1,pos2)来构造透视变换矩阵 M。与图像仿射变换类似，pos1 和 pos2 表示变换前后图像中对应点的位置；与仿射变换不同的是，图像透视变换改变了图像的视平面，因此需要用 4 个点来确定图像透视变换前后的位置，进而求得变换矩阵 M。在 Python 中，进行图像透视变换的函数的语法格式如下：

```
M = cv2.getPerspectiveTransform(pos1,pos2)
dst = cv2.warpPerspective(src,M,(cols,rows))
```

其中，src 表示原始图像，dst 表示透视变换后的图像，(cols,rows)表示透视变换后的图像行数和列数。

下面介绍图像透视变换的实例。

① 创建一个以.py 为后缀的脚本文件，使用 PyCharm 编辑器打开该脚本文件，并输入如下代码：

```
#encoding:utf-8
import cv2
import numpy as np
import matplotlib.pyplot as plt

src = cv2.imread('bird.jpg')
rows, cols = src.shape[:2]

#设置图像透视变换矩阵
pos1 = np.float32([[0, 0], [0, 600], [500, 0], [500, 600]])
pos2 = np.float32([[10,30], [0, 307], [420, 311], [400, 500]])
M = cv2.getPerspectiveTransform(pos1, pos2)

#图像透视变换
dst = cv2.warpPerspective(src, M, (cols, rows))


cv2.imshow("original", src)
cv2.imshow("result", dst)

cv2.waitKey(0)
cv2.destroyAllWindows()
```

② 运行代码，图像透视变换前后的结果如图 2-23 所示。

(a)

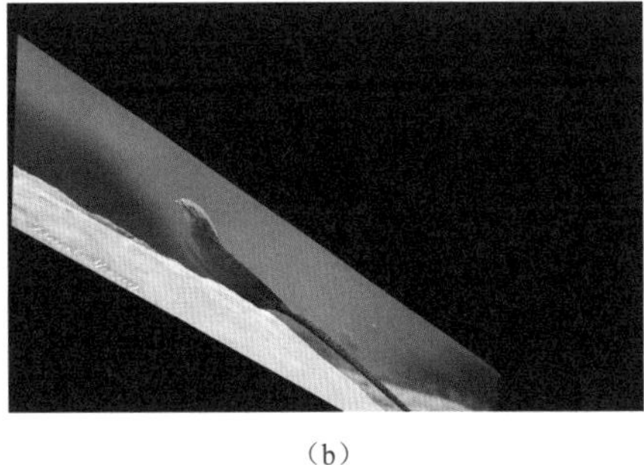

(b)

图 2-23　图像透视变换前后的结果

可以看出，透视变换使原始图像的大小、形状都发生了变化，看上去就像是换了一个角度来观察这张图像。

思考一个问题：如果将 pos1 和 pos2 的内容调换，使用上述代码生成的 dst 作为输入图像，最终能否还原出原始图像呢？这样是否可用于校正歪曲的图像呢？

任务 3

了解图像点运算和图像灰度化

任务描述

本任务主要介绍图像点运算和图像灰度化的相关知识。

任务目标

（1）了解图像点运算。
（2）了解图像灰度化。

任务实施

1. 图像点运算

图像点运算（Point Operation）是将图像中每个像素点的灰度值逐点进行变换，输出图像的每个像素点的灰度值由输入像素点的灰度值决定。图像点运算实际上是灰度值到灰度值的映射过程，通过图像映射变换来达到增强或减弱图像灰度的目的。图像点运算还可以对图像进行求灰度直方图、线性变换、非线性变换及图像骨架的提取等操作。图像点运算与相邻的像素点之间没有运算关系，是一种简单和有效的图像处理方法。

2. 图像灰度化

图像灰度化是将一张彩色图像转换为灰度化图像的过程。彩色图像通常包括 *R*、*G*、*B* 三个分量，分别用于显示红色、绿色、蓝色等颜色。灰度化就是使彩色图像的 *R*、*G*、*B* 三个分量相等的过程。灰度图像中每个像素点仅具有一种样本颜色，其灰度是位于黑色与白色之间的多级色彩深度，灰度值大的像素点比较亮，反之比较暗；其像素值最大为 255（表示白色），像素值最小为 0（表示黑色）。

对图像进行灰度处理同样具有多种方法，假设某像素点的颜色格式为三原色 RGB(*R*,*G*,*B*)。表 2-1 所示为常用的灰度处理算法，可以将 RGB 颜色转换为灰度值。

表 2-1　常用的灰度处理算法

算法	公式
最大灰度处理	Gray = max(*R*,*G*,*B*)

续表

算法	公式
平均灰度处理	Gray = $(R,G,B)/3$
加权平均灰度处理	Gray = $i \times R+j \times G+k \times B$

其中，Gray 为灰度处理后的颜色，i、j、k 分别为三种颜色灰度化的权重值。常用的灰度化算法是平均灰度处理，即先将 R、G、B 三个分量求和再取平均值，但这种方法不够准确，由于人眼对不同颜色的敏感度不同，因此红色、绿色、蓝色三种颜色也应该设置为不同的权重，通常加权平均的三个系数分别为 0.299、0.587 和 0.144，这是因为人眼对蓝色的敏感度最低，对绿色的敏感度最高，设置成这样就可以得到较为合理的灰度图像。

此外，加权平均灰度处理还可以分为浮点灰度处理（Gray=$R \times 0.3+G \times 0.59+B \times 0.11$）、整数灰度处理（Gray=$(R \times 30+G \times 59+B \times 11)/100$）和移位灰度处理（Gray=$(R \times 28+G \times 151+B \times 77)$>>8），用于不同的运算场合。灰度处理将原始 RGB(R,G,B)颜色均匀替换为新颜色(Gray,Gray, Gray)，从而将彩色图像替换为灰度图像。

事实上，除了灰度图像，图像处理过程中还会用到二值图像、HSV、HSI 等类型的图像，它们的颜色空间各有不同。图 2-24 所示为各类颜色空间下的图像。

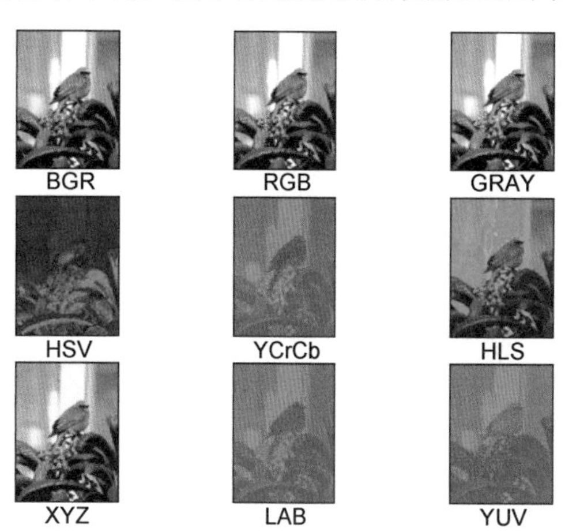

图 2-24　各类颜色空间下的图像

任务 4

实践：使用 Python 实现图像灰度化转换

任务描述

本任务主要介绍使用 Python 实现图像灰度化转换。

任务目标

（1）使用 Python 实现图像灰度化转换。
（2）使用 Python 将图像转换为其他颜色空间。

任务实施

1. 使用 Python 实现图像灰度化转换

对于图像灰度化转换，一般使用 OpenCV 中 cvtColor()函数实现，该函数用于实现不同颜色空间的转换，其语法格式如下：

```
dst = cv2.cvtColor(src,code)
```

其中，src 表示输入图像，code 表示转换的标识码，常见的颜色转换值有 CV_BGR2BGRA、CV_RGB2GRAY、CV_GRAY2RGB、CV_BGR2HSV、CV_BGR2XYZ、CV_BGR2HLS 等。另外，cvtColor()函数还有默认参数 dst（输出图像）及 cstCn（目标图像通道数）等，可以在编译器中查看该函数的定义。

下面介绍实现图像灰度化转换的实例。

① 准备一张需要进行灰度化转换的图像并命名，这里将其命名为“bird1.jpg”，并创建一个以.py 为后缀的脚本文件，将两者放在同一个文件夹中。

② 使用 PyCharm 编辑器打开以.py 为后缀的脚本文件，并在该脚本文件中输入如下代码：

```
#encoding:utf-8
import cv2
import numpy as np
# 将彩色图像转换为灰度图像
```

```
#读取图像
src = cv2.imread('bird1.jpg')

#图像灰度化转换
dst = cv2.cvtColor(src,cv2.COLOR_BGR2GRAY)

#显示图像
cv2.imshow("src", src)
cv2.imshow("result", dst)

#等待显示
cv2.waitKey(0)
cv2.destroyAllWindows()
```

③ 运行代码，图像灰度化转换前后的结果如图 2-25 所示。

（a）

（b）

图 2-25 图像灰度化转换前后的结果

对图像进行灰度化转换后，灰度图像将一个像素点的三个颜色变量设置为相同的值，此时该值成为灰度值。将彩色图像转换为灰度图像后可以更方便地对图像进行处理。利用图像灰度化转换可以改变图像的质量、亮度、对比度等，从而凸显图像的细节或满足图像处理的其他相关要求。

试一试：cvtColor()函数还可以用于将图片转换为其他颜色空间。请尝试自己修改代码，将上述图像转换为其他颜色空间。

2. 使用 Python 将图像转换为其他颜色空间

使用 cvtColor()函数将图像转换为其他颜色空间的操作步骤如下。

① 新创建一个以.py 为后缀的脚本文件，将待转换的图像和脚本文件放在同一个文件夹中。

② 使用 PyCharm 编辑器打开以.py 为后缀的脚本文件，并在该脚本文件中输入如下代码：

```
import cv2
import numpy as np
import matplotlib.pyplot as plt

#读取图像
img_BGR = cv2.imread('bird1.jpg')

#将BGR转换为RGB
img_RGB = cv2.cvtColor(img_BGR, cv2.COLOR_BGR2RGB)

#图像灰度化转换
img_GRAY = cv2.cvtColor(img_BGR, cv2.COLOR_BGR2GRAY)

#将BGR转换为HSV
img_HSV = cv2.cvtColor(img_BGR, cv2.COLOR_BGR2HSV)

#将BGR转换为YCrCb
img_YCrCb = cv2.cvtColor(img_BGR, cv2.COLOR_BGR2YCrCb)

#将BGR转换为HLS
img_HLS = cv2.cvtColor(img_BGR, cv2.COLOR_BGR2HLS)

#将BGR转换为XYZ
img_XYZ = cv2.cvtColor(img_BGR, cv2.COLOR_BGR2XYZ)

#将BGR转换为LAB
img_LAB = cv2.cvtColor(img_BGR, cv2.COLOR_BGR2LAB)

#将BGR转换为YUV
img_YUV = cv2.cvtColor(img_BGR, cv2.COLOR_BGR2YUV)

#调用matplotlib库显示处理结果
titles = ['BGR', 'RGB', 'GRAY', 'HSV', 'YCrCb', 'HLS', 'XYZ', 'LAB',
'YUV']
images = [img_BGR, img_RGB, img_GRAY, img_HSV, img_YCrCb,
img_HLS, img_XYZ, img_LAB, img_YUV]
for i in range(9):
plt.subplot(3, 3, i+1), plt.imshow(images[i], 'gray')
plt.title(titles[i])
plt.xticks([]),plt.yticks([])
plt.show()
```

③ 单击 PyCharm 编辑器中的“运行”按钮，或者按“Ctrl+Shift+F10”组合键运行代码即可。

从结果中能发现什么？

任务 5

了解降噪技术

任务描述

图像降噪（Image Denoising）是指降低数字图像中噪声的过程，又被称为图像去噪。本任务主要介绍图像降噪技术，以及图像降噪的常用方法。

任务目标

（1）了解图像噪声的来源。
（2）了解图像降噪的作用。
（3）掌握图像降噪的常用方法。

任务实施

1. 图像噪声的来源

在数字图像的采集、传输过程中常常会受到各种噪声的干扰和影响而导致图像质量降低。

在图像采集过程中主要受到硬件设备（传感器材料属性、电子元器件及电路结构等）、采集环境（光线、温湿度等）及其他非客观因素影响，会记录不同类型的噪声，如电子元器件产生的热噪声、暗电流噪声、光子噪声、光响应非均匀性噪声等。

由于传输和记录设备或网络等因素的影响，数字图像在传输过程中往往会引入噪声。

2. 图像降噪的作用

图像降噪是对图像非常重要的预处理步骤。图像降噪的效果将直接影响后续图像处理过程的好坏。由于数字图像采集、传输过程中受到多种因素的影响，会为图像带来不同类型的噪声，从而影响图像质量，因此需要通过图像降噪方法提高图像质量，使图像变得更加清晰、真实。

3. 图像降噪的常用方法

在工程实践中，常见的图像降噪方法有空间域滤波、变换域滤波与协同滤波。

空间域滤波：直接对图像的灰度值进行数据运算处理，其主要方法有阈值滤波（中值滤波、低通滤波、均值滤波）、偏微分方程降噪、变差法降噪、形态学降噪。在实践任务中，常采用阈值滤波和形态学降噪两种方法来实现图像降噪。

变换域滤波：需要先将图像从空间域变换为变换域，再对变换域进行处理后转到空间域以实现图像降噪，其主要方法有傅里叶变换、小波变换、余弦变换等。

协同滤波：将空间域滤波和变换域滤波进行结合以实现图像降噪，其组合方法有偏微分方程与小波变换结合、广义高斯分布结合小波分解等。

任务 6

实践：使用 Python 实现图像降噪

任务描述

本任务主要介绍使用 Python 实现图像降噪。

任务目标

（1）使用阈值化降噪方法实现图像降噪。
（2）使用形态学方法实现图像降噪。

任务实施

1．使用阈值化降噪方法实现图像降噪

（1）固定阈值化。

图像阈值化是图像降噪的一种方式，属于滤波器降噪方法，可以剔除图像中一些低于或高于一定值的像素点，从而提取图像中的物体，区分图像的背景和噪声。在灰度化处理后的图像中，每个像素点都只有一个灰度值，灰度值的大小表示明暗程度。阈值化处理可以将图像中的像素点划分为两类。

当某个像素点的灰度 Gray(i,j)小于阈值 T 时，设置其像素为 0，表示黑色；当某个像素点的灰度 Gray(i,j)大于或等于阈值 T 时，设置其像素值为 255，表示白色。

OpenCV 库提供了固定阈值化函数 threshold()和自适应阈值化函数 adaptiveThreshold()，用于将一张图像进行阈值化处理，这两个函数的语法格式如下：

```
# 固定阈值化函数
dst = cv2.threshold(src, thresh, maxval, type)
# 自适应阈值化函数
dst = cv2.adaptiveThreshold(src, maxval, adaptiveMethod, thresholdType,
blockSize, C)
```

其中，src 表示输入图像；thresh 表示阈值；maxval 表示满足阈值条件的最大值；type 表示阈值类型；adaptiveMethod 表示要使用的自适应阈值算法，包括邻域均值、邻域加权平均值等；thresholdType 表示阈值类型；blockSize 表示计算阈值的像素邻域的大小；C 表示常数，用于计算阈值，阈值等于平均值或加权平均值减 C。

对于 threshold()函数，不同的阈值类型 type 的算法含义不同。以阈值为 127，条件内阈值最大值为 255 为例，不同阈值类型 type 对应的处理算法如表 2-2 所示。

表 2-2　threshold()函数不同阈值类型 type 对应的处理算法

算法原型	名称	算法含义
threshold(Gray,127,255,cv2.THRESH_BINARY)	二进制阈值化	像素点的灰度值大于阈值，设置其灰度值为最大值；小于阈值，设置其灰度值为 0
threshold(Gray,127,255,cv2.THRESH_BINARY_INV)	反二进制阈值化	像素点的灰度值大于阈值，设置其灰度值为 0；小于阈值，设置其灰度值为 255
threshold(Gray,127,255,cv2.THRESH_TRUNC)	截断阈值化	像素点的灰度值小于阈值，不进行任何改变；大于阈值，设置其灰度值为该阈值
threshold(Gray,127,255,cv2.THRESH_TOZERO)	阈值化为 0	像素点的灰度值小于阈值，不进行任何改变；大于阈值，设置其灰度值全部为 0
threshold(Gray,127,255,cv2.THRESH_TOZERO_INV)	反阈值化为 0	像素点的灰度值大于阈值，不进行任何改变；小于该阈值，设置其灰度值全部为 0

下面以二进制阈值化处理为例，对图像进行降噪。

① 准备一张待降噪的图像并命名，这里将其命名为“bird1.jpg”，并创建一个以.py 为后缀的脚本文件，将两者放在同一个文件夹中。

② 使用 PyCharm 编辑器打开以.py 为后缀的脚本文件，并在该脚本文件中输入如下代码：

```
#encoding:utf-8
import cv2

#读取图像
src = cv2.imread('bird2_gaussian.jpg')

#图像灰度化转换
GrayImage = cv2.cvtColor(src,cv2.COLOR_BGR2GRAY)

#二进制阈值化处理
dst = cv2.threshold(GrayImage, 127, 255, cv2.THRESH_BINARY)

#显示图像
cv2.imshow("src", src)
cv2.imshow("dst", dst)

#等待显示
cv2.waitKey(0)
cv2.destroyAllWindows()
```

③ 图 2-26（a）所示为加入了高斯噪声的图像，如图 2-26（b）所示为图像使用二进制阈值化处理后的结果。可以看出，通过二进制阈值化处理后，高斯噪声基本被去

除，图像中的物体轮廓更加清晰。

（a）

（b）

图 2-26　图像二进制阈值化处理前后的结果

试一试：查阅相关书籍或其他资料，试一试其他固定阈值化处理方法，或者调整阈值，对不同的图像进行降噪，看一看不同的阈值化方法都适用什么场合？

（2）自适应阈值化。

当同一张图像上的不同部分具有不同亮度时，固定值阈值化处理方法就不再适用。此时需要采用自适应阈值化处理方法，根据图像上的每个小区域，计算与其对应的阈值，从而使得同一张图像上的不同区域采用不同的阈值，在亮度不同的情况下可以得到更好的结果，这种方法也是实际降噪中应用较多的方法。

使用自适应阈值化处理方法来处理图像的代码如下：

```
#encoding:utf-8
import cv2

img = cv2.imread('bird3.jpg')
#读取图像
src = cv2.cvtColor(img,cv2.COLOR_BGR2GRAY)
#自适应阈值化处理
dst= cv2.adaptiveThreshold(src,255,cv2.ADAPTIVE_THRESH_MEAN_C,
cv2.THRESH_BINARY,15,6)
#显示图像
cv2.imshow("src",src)
cv2.imshow("dst", dst)

#等待显示
cv2.waitKey(0)
cv2.destroyAllWindows()
```

图像经过自适应阈值化处理前后的结果如图 2-27 所示，可以看出，使用自适应阈值化方法能很好地分离图像中的鸟和背景。通过这种处理方法，可以更好地获得图像中的信息。

2. 使用形态学方法进行图像降噪

形态学的应用可以简化图像，保持图像基本的形状特征，并去除不相干的结构。常见的图像形态学运算包括腐蚀、膨胀、开运算、闭运算、梯度运算、顶帽运算、底帽运算等。下面介绍部分图像形态学运算。

(a)

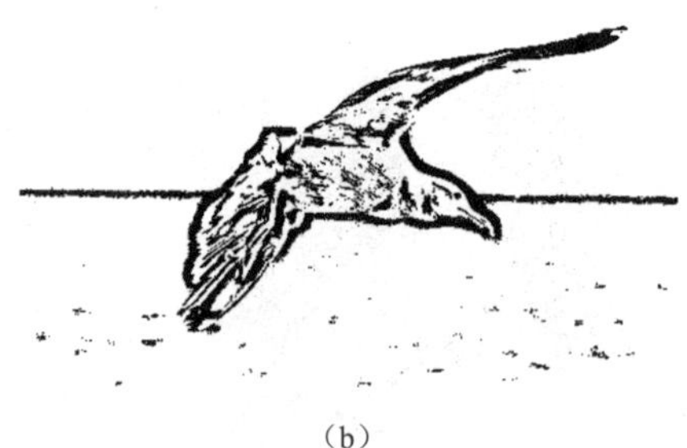

(b)

图 2-27　自适应阈值化处理前后的结果

（1）腐蚀和膨胀。

腐蚀（Erosion）和膨胀（Dilation）是两种基本的图像形态学运算，主要用于寻找图像中的极小区域和极大区域。腐蚀类似于“领域被蚕食”，它对图像中的高亮区域或白色部分进行缩减细化，其运行结果比原始图像的高亮区域或白色部分更小。而膨胀是腐蚀操作的逆操作，类似于“领域扩张”，它对图像中的高亮区域或白色部分进行扩张，其运行结果比原始图像的高亮区域或白色部分更大。

腐蚀可以用如下公式来表示，设 A、B 为集合，A 被 B 腐蚀，记为 $A-B$，其公式为：

$$A-B=\{x\,|\,B_x\subseteq A\} \tag{2-3}$$

该公式表示图像 A 用卷积模板 B 来进行腐蚀处理，通过模板 B 与图像 A 进行卷积计算，得出 B 覆盖区域的像素点的最小值，并用这个最小值来替代参考点的像素值。

膨胀可以用如下公式来表示，设 A、B 为集合，$\varnothing$ 为空集，A 被 B 膨胀，记为 $A\oplus B$，其中 $\oplus$ 为膨胀算子，其公式为：

$$A\oplus B=\{x\,|\,B_x\cap A\neq\varnothing\} \tag{2-4}$$

该公式表示用模板 B 对图像 A 进行膨胀处理，其中 B 是一个卷积模板，形状可以为正方形或圆形。通过模板 B 与图像 A 进行卷积计算，扫描图像中的每个像素点，用模板元素与二值图像元素进行“与”运算，如果都为 0，则目标像素点为 0，否则为 1。计算模板 B 覆盖区域的像素点的最大值，并用该值替换参考点的像素值以实现膨胀。

下面介绍用 Python 实现腐蚀和膨胀。为了便于读者理解，使用带孔状噪声的手写字符图像进行实验。

① 创建一个以.py 为后缀的脚本文件，将该脚本文件和带孔状噪声的手写字符图像放在同一个文件夹中。

② 使用 PyCharm 编辑器打开以.py 为后缀的脚本文件，并在该脚本文件中输入如下代码：

```
import cv2
import numpy as np

#读取图像
src = cv2.imread('test01.png', cv2.IMREAD_UNCHANGED)
```

```
#设置卷积核
kernel = np.ones((5,5), np.uint8)

#图像腐蚀处理
ero = cv2.erode(src, kernel)
#图像膨胀处理
dil = cv2.dilate(src, kernel)

#显示图像
cv2.imshow("src", src)
cv2.imshow("erode", ero)
cv2.imshow("dilate",dil)

#等待显示
cv2.waitKey(0)
cv2.destroyAllWindows()
```

③ 运行代码，图像腐蚀和膨胀处理前后的结果如图2-28所示。可以看出，图像被腐蚀处理后可以剔除噪声，但同时会压缩图像，而膨胀处理可以保持图像原有的形状。如果先对原始图像进行多次腐蚀处理，再对腐蚀处理后的图像进行膨胀处理，则可以有效消除图像中的微小噪声，且不改变原始图像的形状，实际上，这个过程也是开运算的过程。

（a）原始图像

（b）腐蚀处理后的结果

（c）膨胀处理后的结果

（d）腐蚀、膨胀处理两次后的结果

图2-28　图像腐蚀和膨胀处理前后的结果

（2）开运算。

开运算是图像依次经过腐蚀、膨胀处理的过程。图像被腐蚀处理后将剔除噪声，但也压缩了图像；接着对腐蚀处理后的图像进行膨胀处理，可以在保留原始图像的基础上剔除噪声。开运算一般能平滑图像的轮廓，削弱狭窄部分，去掉较细的突出。

设 A 是原始图像，B 是结构元素图像，则集合 A 被结构元素 B 进行开运算，记为 $A \circ B$，其公式为：

$$A \circ B = \left(A - B\right) \oplus B \tag{2-5}$$

换句话说，A 被 B 开运算就是 A 被 B 腐蚀后的结果再被 B 膨胀处理。在 OpenCV 中，对图像进行开运算主要通过 morphologyEx()函数实现，该函数主要基于膨胀和腐蚀技术来对图像进行各种基础的和高级的形态学变换。morphologyEx()是形态学扩展的一组函数，该函数的语法格式如下：

```
dst = cv2.morphologyEx(src, cv2.MORPH_OPEN, kernel)
```

其中，src 表示原始图像，cv2.MORPH_OPEN 为开运算处理标志，kernel 表示卷积核。

下面介绍对图像进行开运算的实例。

① 创建一个以.py 为后缀的脚本文件，将该脚本文件和图像放在同一个文件夹中。

② 使用 PyCharm 编辑器打开以.py 为后缀的脚本文件，并在该脚本文件中输入如下代码：

```
#encoding:utf-8
import cv2
import numpy as np

#读取图像
src = cv2.imread(handj1.png', cv2.IMREAD_UNCHANGED)

#设置卷积核
kernel = np.ones((10,10), np.uint8)

#图像开运算
dst = cv2.morphologyEx(src, cv2.MORPH_OPEN, kernel)

#显示图像
cv2.imshow("src", src)
cv2.imshow("dst", dst)

#等待显示
cv2.waitKey(0)
cv2.destroyAllWindows()
```

③ 运行代码，图像开运算处理前后的结果如图 2-29 所示。

试一试：请调整卷积核大小，看一看不同卷积核下的开运算的结果有什么不同？为什么会造成这种不同？

（3）闭运算。

闭运算是图像依次经过膨胀、腐蚀处理的过程。闭运算也可以使图像的轮廓平滑，其膨胀和腐蚀的顺序与开运算相反，先膨胀后腐蚀处理有利于熔合窄的缺口和细长的弯口，去掉小洞，填补轮廓上的缝隙。

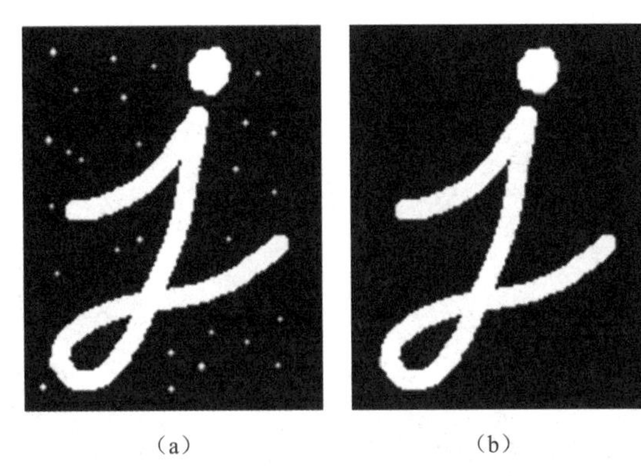

（a）　（b）

图 2-29 图像开运算处理前后的结果

如果 A 为原始图像，B 为结构元素图像，则集合 A 被结构元素 B 进行闭运算，记为 $A \cdot B$，其公式为：

$$A \cdot B = (A \oplus B) - B \tag{2-6}$$

换句话说，A 被 B 闭运算就是 A 被 B 膨胀处理后的结果再被 B 腐蚀处理。在 OpenCV 中，对图像进行闭运算主要通过函数 morphologyEx()实现，该函数的语法格式如下：

```
dst = cv2.morphologyEx(src, cv2.MORPH_CLOSE, kernel)
```

其中，src 表示原始图像，cv2.MORPH_CLOSE 为闭运算标志，kernel 表示卷积核。

下面介绍对图像进行闭运算的实例。

① 创建一个以.py 为后缀的脚本文件，将该脚本文件和图像放在同一个文件夹中。

② 使用 PyCharm 编辑器打开以.py 为后缀的脚本文件，并在该脚本文件中输入如下代码：

```
#encoding:utf-8
import cv2
import numpy as np

#读取图像
src = cv2.imread('handj2.png', cv2.IMREAD_UNCHANGED)

#设置卷积核
kernel = np.ones((10,10), np.uint8)

#图像闭运算
dst = cv2.morphologyEx(src, cv2.MORPH_CLOSE, kernel)

#显示图像
cv2.imshow("src", src)
cv2.imshow("dst", dst)

#等待显示
cv2.waitKey(0)
```

```
cv2.destroyAllWindows()
```

③ 运行代码，图像闭运算处理前后的结果如图 2-30 所示。图像闭运算适用于对内部有缺口、缝隙的图像进行降噪。

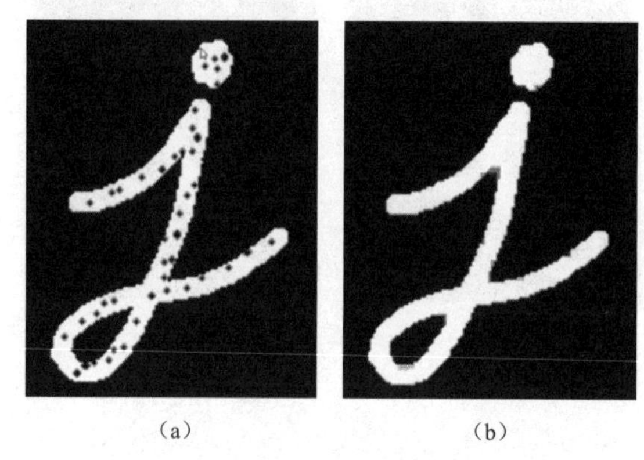

图 2-30 图像闭运算处理前后的结果

任务 7

了解图像增强技术

任务描述

本任务主要介绍图像增强的定义与图像增强的相关方法。

任务目标

（1）了解图像增强的定义。
（2）了解图像增强的相关方法。

任务实施

1. 图像增强的定义

图像增强是图像处理常用的方法之一。图像增强是指利用计算机技术或光学设备来改善图像清晰度或突出图像的某些特征的技术。图像增强可以提高图像的分辨率，使图像的细节能够更清晰地呈现，也使图像信息的利用更加充分，从而提高图像的对比度，形成较大反差，改善图像识别的效果。

2. 图像增强的相关方法

图像增强的一般思路是利用增强算法抑制不需要的信息或噪声，同时增强图像的有效信息或感兴趣的部分信息来满足实际的图像处理需求。图像增强方法可以分为空域增强和频域增强两大类，其中，空域增强的常用方法有灰度变换和直方图修正等；频域增强的常用方法有频域滤波、同态滤波等。图像处理在实际项目中是很复杂的工作，图像增强不仅要考虑处理目的，还要考虑图像特点，因此某种单一方法很难适用所有的场景。空域增强对细节增强和噪声抑制需要做出取舍；而频域增强能够有效抑制噪声，但细节增强效果相对较差。

灰度变换：对原始图像的灰度值进行压缩或伸展以实现增强效果，使变换后的图像与原始图像有对比度拉伸，增强图像对比度，使图像更清晰、特征更明显。

直方图修正：利用直方图对图像的灰度范围、亮度均值、灰度级分布等典型特征进行描述，并结合直方图特征对图像的关键信息进行强化、对噪声进行剔除。

频域滤波：图像的边缘细节对应着图像频率域的高频分量，通过滤波器抑制图像的低频平滑部分，增强图像的高频部分与图像的边缘细节部分，形成类似锐化的效果。

同态滤波：先用对数变换这种非线性变换将乘性噪声转换为加性噪声，在使用线性滤波器抑制、消除噪声后，再通过指数变换将图像变换到空间域，得到噪声抑制处理后的图像。

任务 8

实践：使用 Python 实现图像增强

任务描述

本任务主要通过几个图像增强的实例来介绍图像增强的几种实现方法。

任务目标

（1）使用 Python 实现灰度图像直方图均衡化的图像增强。
（2）使用 Python 实现彩色图像直方图均衡化的图像增强。
（3）使用 Python 实现 CLANE 均衡化的图像增强。

任务实施

1. 使用 Python 实现灰度图像直方图均衡化的图像增强

在大雾天气或镜头有水汽等特殊光线下拍摄的图像会存在较为模糊、昏暗的情况。人们难以从图像中提取出有效信息，这时就需要采用一些图像增强方法来突出需要观测的目标。如图 2-31 所示为灰度图像直方图均衡化的图像增强前后的结果，可以看出，通过灰度图像直方图均衡化后的图像具有更突出的细节。

（a）

（b）

图 2-31　灰度图像直方图均衡化的图像增强前后的结果

在 Python 中，用户可以使用 equalizeHist()函数实现直方图均衡化，该函数的语法格式如下：

```
dst = cv2.equalizeHist(src)
```

其中，src 表示原始图像。

下面介绍实现灰度图像直方图均衡化的图像增强的实例，步骤如下。

① 选取一张待增强的灰度图像并命名，这里将其命名为“test2.png”。创建一个以.py 为后缀的脚本文件，并将该脚本文件和图像放在同一个文件夹中。

② 使用 PyCharm 编辑器打开以.py 为后缀的脚本文件，并在该脚本文件中输入如下代码：

```
import cv2

# 读取图像
img = cv2.imread('test2.png')

# 图像灰度化转换
gray = cv2.cvtColor(img, cv2.COLOR_BGR2GRAY)

# 图像直方图均衡化处理
result = cv2.equalizeHist(gray)

# 显示图像
cv2.imshow("Input", gray)
cv2.imshow("Result", result)

cv2.waitKey(0)
cv2.destroyAllWindows()
```

③ 运行代码，灰度图像直方图均衡化前后的结果如图 2-32 所示。

(a)

(b)

图 2-32　灰度图像直方图均衡化前后的结果

2. 使用 Python 实现彩色图像直方图均衡化的图像增强

如果需要对彩色图像（RGB 图像）进行直方图均衡化处理，则需要先将图像划分为 b、g、r 三色通道，分别进行处理再进行通道合并，步骤如下。

① 选取一张待增强的彩色图像并命名，这里将其命名为“bird5.jpg”。创建一个以.py 为后缀的脚本文件，并将该脚本文件和图像放在同一个文件夹中。

② 使用 PyCharm 编辑器打开以.py 为后缀的脚本文件，并在该脚本文件中输入如下代码：

```
import cv2
import numpy as np
import matplotlib.pyplot as plt

# 读取图像
src = cv2.imread('bird5.png')

#将图像划分为三色通道
b,g,r = cv2.split(src)

#对每个通道进行直方图均衡化处理
bH = cv2.equalizeHist(b)
gH = cv2.equalizeHist(g)
rH = cv2.equalizeHist(r)

# 通道合并
dst = cv2.merge((bH,gH,rH))
cv2.imshow("src",src)
cv2.imshow("dst",dst)

cv2.waitKey(0)
cv2.destroyAllWindows()
```

③ 运行代码，彩色图像直方图均衡化处理前后的结果如图 2-33 所示。可以看出，图 2-33（b）的颜色较为鲜艳，达到了一定的除雾效果。

（a）

（b）

图 2-33　彩色图像直方图均衡化处理前后的结果

3. 使用 Python 实现 CLAHE 均衡化的图像增强

使用 equalizeHist()函数进行直方图均衡化虽然简单高效，但其实它是一种全局意义上的均衡化处理，很多时候这种操作的效果不是很好，会将图像中某些不该调整的部分均衡化处理了。同时，图像中不同的区域灰度分布相差甚远，对它们使用同一种处理方式常常不理想，而在实际应用中，也经常需要增强图像的某些局部区域的细节。

为了解决这些问题通常采用 CLAHE 图像增强方法，通过限制局部直方图的高度来限制局部对比度的增强幅度，从而限制噪声的放大及局部对比度的过度增强，该方法常用于对图像增强和对图像去雾。

在 Python 中，用户可以使用 createCLAHE()函数来实现对比度受限的局部直方图均衡化。createCLAHE()函数将整个图像分成许多小块（如以 10 像素×10 像素为一个小块），并对每个小块进行均衡化处理。这种方法主要对图像直方图不是那么单一的（如存在多峰情况）图像来说比较有用。createCLAHE()函数的语法格式如下：

```
retval = createCLAHE(clipLimit,tileGridSize)
```

其中，clipLimit 表示对比度的大小，tileGridSize 表示每次处理块的大小。

① 选取一张待增强的图像并命名，这里将其命名为“bird5.jpg”。创建一个以.py 为后缀的脚本文件，将该脚本文件和图像放在同一个文件夹中。

② 使用 PyCharm 编辑器打开以.py 为后缀的脚本文件，并在该脚本文件中输入如下代码：

```
import cv2
import numpy as np
import matplotlib.pyplot as plt

# 读取图像
img = cv2.imread('bird5.png')

# 灰度转换
gray = cv2.cvtColor(img, cv2.COLOR_BGR2GRAY)

# 局部直方图均衡化处理
clahe = cv2.createCLAHE(clipLimit=2, tileGridSize=(10, 10))

# 将灰度图像和局部直方图相关联，把直方图均衡化应用到灰度图像中
result = clahe.apply(gray)

# 显示图像
plt.subplot(221)
plt.imshow(gray, cmap=plt.cm.gray), plt.axis("off"), plt.title('(a)')
plt.subplot(222)
plt.imshow(result, cmap=plt.cm.gray), plt.axis("off"), plt.title('(b)')
plt.subplot(223)
plt.hist(img.ravel(), 256), plt.title('(c)')
plt.subplot(224)
plt.hist(result.ravel(), 256), plt.title('(d)')
plt.show()
```

③ 运行代码，CLAHE 图像增强前后的结果如图 2-34 所示。通过图像和直方图可以看出，该均衡化处理方法得到的结果更加自然。

（a）

（b）

图 2-34　CLAHE 图像增强前后的结果

本任务仅介绍这两种图像增强方法，计算机视觉中图像增强方法还有很多，请读者自行学习。

项目3

图像特征提取

任务1

了解图像特征的基本定义

任务描述

本任务主要介绍什么是图像特征、主流的图像特征、使用这些特征提取卷积神经网络特征的方法。

任务目标

（1）了解什么是图像特征。
（2）了解主流的图像特征。
（3）理解卷积神经网络特征的提取。

任务实施

1. 什么是图像特征

图像特征没有准确的定义。对人类来说，图像特征是指能让人类对该图像进行辨认或区分的特定形状、颜色、纹理等，而在计算机视觉中，图像特征为图像中可用于辨认自身或区分自身与其他图像的差异，这些图像特征主要分为颜色特征、纹理特征、形状特征和空间关系特征等。通常来说，如果图像特征越抽象且不直观，则该图像特征的目标判别能力越好；如果图像特征越具体、直观，则该图像特征对目标的空间位置信息保留越好。

2. 主流的图像特征

（1）颜色特征。

颜色特征是一种全局特征，描述了图像或图像区域对应物体的表面性质。一般颜色特征是基于像素点的特征，此时所有属于图像或图像区域的像素点都有各自的特征。由于颜色特征不能用来描述图像或图像区域的方向、大小等变化，因此颜色特征不能很好地捕捉图像或图像区域中对象的局部特征。另外，当仅使用颜色特征查询时，如果数据库很大，则经常会将许多不需要的图像也检索出来。颜色直方图是最常用的表达颜色特征的方法，其优点是不受图像旋转和平移变化的影响，借助归一化还可以不受图像尺度变化的影响，缺点是没有表达出颜色空间分布的信息。

（2）纹理特征。

纹理特征也是一种全局特征，它描述了图像或图像区域对应景物的表面性质。但由于纹理只是一种物体表面的特征，并不能完全反映出物体的本质属性，因此仅利用纹理特征是无法获得高层次图像内容的。与颜色特征不同，纹理特征不是基于像素点的特征，它需要在包含多个像素点的区域中进行统计计算。在模式匹配中，这种区域性的特征具有较大的优越性，不会由于局部的偏差而无法匹配成功。作为一种统计特征，纹理特征常具有旋转不变性，并且对噪声有较强的抵抗能力。但是，纹理特征也有一个很明显的缺点：当图像的分辨率变化时，计算出来的纹理可能会有较大偏差。另外，由于有可能受到光照、反射的影响，从2D图像中反映出来的纹理不一定是3D物体表面真实的纹理。

（3）空间关系特征。

空间关系是指从图像中分割出来的多个目标之间相对的空间位置或相对方向关系，这些关系也可以分为连接/邻接关系、交叠/重叠关系和包含/包容关系等。区分空间关系的差异就是空间关系特征。通常空间位置信息可以分为两类：相对空间位置信息和绝对空间位置信息。前一类关系强调的是目标之间的相对情况，如上、下、左、右关系等，后一类关系强调的是目标之间的距离及方位。空间关系特征的使用可以加强对图像内容的描述区分能力，但空间关系特征常对图像或目标的旋转、反转、尺度等变化比较敏感。另外，在实际应用中，仅利用空间信息往往是不够的，不能有效、准确地表达场景信息。为了检索，除了使用空间关系特征，还需要使用其他特征进行配合。

（4）形状特征。

形状特征既是一种全局特征，又是一种局部特征，用于描述物体的形状。常见的形状特征可以分为两类，一类是描述物体边界形状的轮廓特征，另一类是描述物体内部形状的区域特征。这两类形状特征均可用于目标检索，但它们也有一些共同的问题。例如，目前基于形状的检索方法还缺乏比较完善的数学模型；如果目标有变形，则检索结果往往不太可靠；许多形状特征仅描述了目标局部的性质，要全面描述目标对计算时间和存储量有较高的要求；许多形状特征反映的目标形状信息与人类的直观感觉不完全一致，或者说，特征空间的相似性与人类的视觉系统感受到的相似性是有差别的。另外，从2D图像中表现的3D物体实际上只是物体在空间某一平面的投影，从2D图像中反映出来的形状往往并非3D物体真实的形状，由于视点的变化，图像可能会产生各种失真。

根据上述介绍，由于单一的特征存在很大的局限性，鲁棒性较差，如果物体出现移动或变换，通过原来的特征很难对变换后的目标进行识别。因此，学者们提出了很多稳定性强、区分性好、可扩展性高的特征描述方法，如SIFT（Scale Invariant Feature Transform，尺度不变特征变换）特征、HOG（Histogram of Oriented Gradient，方向梯度直方图）特征、LBP（Local Binary Pattern，局部二值模式）特征、SURF（Speeded Up Robust Feature，加速稳健特征）等。

3. 卷积神经网络特征的提取

在下面的任务中，将对这些特征进行详细介绍，并使用 Python 实现对这些特征的提取。

在计算机视觉中，图像是一个由像素点构成的矩阵。因此，对计算机来说，图像的特征是一个较为抽象的概念。为了提取数字图像的特征，引入特征向量这一概念。特征向量是区分一个数字图像的重要特征，提取图像特征的过程实际上也是求解图像中特征向量集的过程。卷积神经网络被广泛地应用于图像处理，因为它可以通过反向传播来拟合一个无限逼近真实值的特征向量集，也就是卷积核。实际上，人们在利用深度学习进行图像识别及目标检测等操作时，网络中的卷积层就会对图像特征进行提取，形成特征图（Feature Map）。

卷积神经网络是如何提取特征的呢？通过卷积神经网络提取出来的特征图是什么样的呢？我们可以通过一个实例进行介绍。图 3-1（a）所示为某二值图像的一部分，左侧为白色，像素值均为 255；右侧为黑色，像素值均为 0。

要求使用如图 3-1（b）所示的卷积核对图 3-1（a）进行卷积，即将卷积核中的权值与图像对应位置的像素依次进行作用，卷积过程如图 3-2 所示。

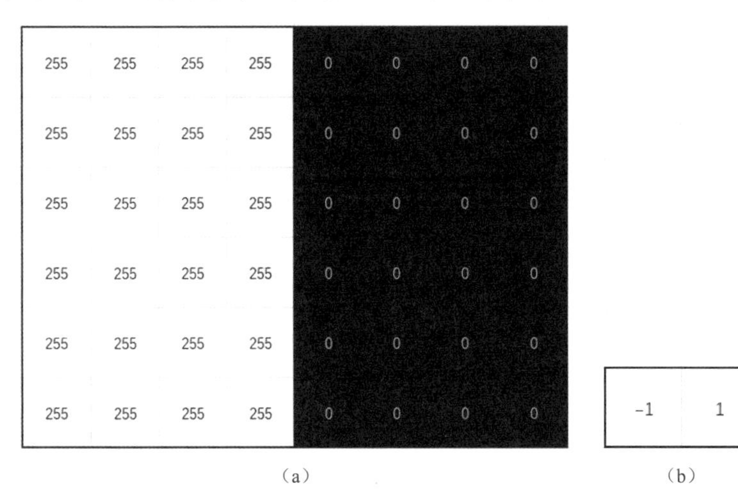

图 3-1 某二值图像的一部分和卷积核

卷积核滑过所有像素后，最终会得到如图 3-3 所示的图像（卷积后的特征图），中间的白色部分就是图像的边界，可以看出，卷积过后的图像会缩小。实际上，平时基本不会使用类似如图 3-1（b）所示的 1×2 的卷积核，因为它只能提取横向的特征，不能提取纵向的特征。

那么使用其他卷积核会怎么样呢？依次手动计算不仅复杂而且抽象，我们可以通过卷积核交互式可视化网站来加深印象，该网站中展示了卷积的动态过程。卷积核交互式可视化网站提供了一张人脸图像的灰度图，并提供多种卷积核让用户对该图像进行卷积，给出过程。图 3-4 所示为使用 sharpen 卷积核对人脸进行卷积的示意图。

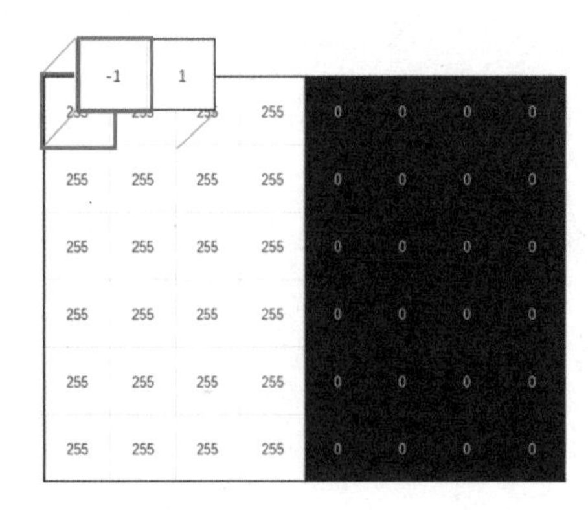

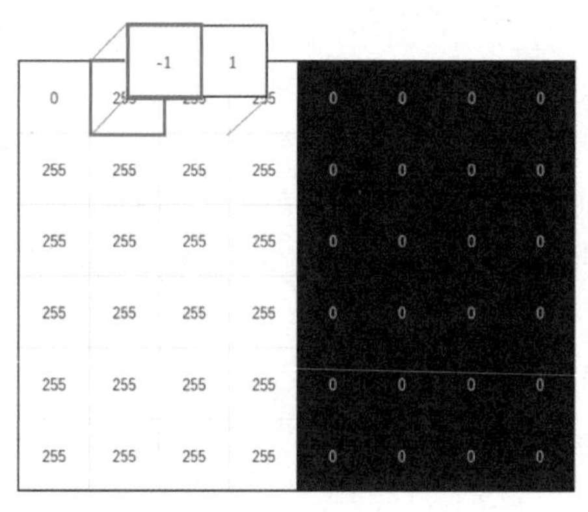

图 3-2 卷积过程

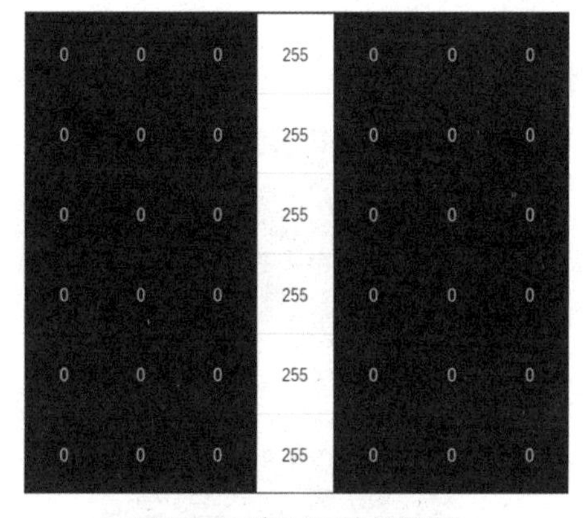

图 3-3 卷积后的特征图

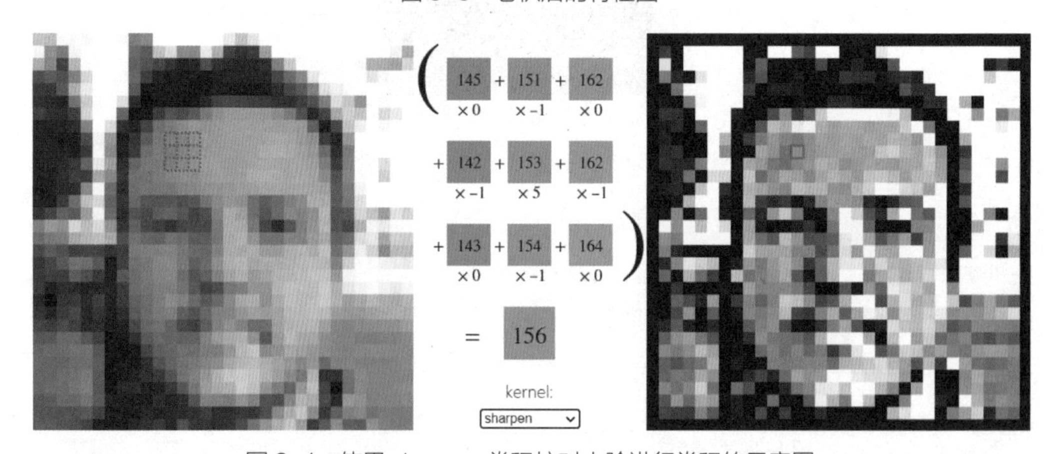

图 3-4 使用 sharpen 卷积核对人脸进行卷积的示意图

我们也可以自定义卷积核，对上传的图像或视频进行卷积。图 3-5 所示为使用 outline 卷积核对鸟类图像进行卷积。假设将卷积核设置为不同的值，那么提取到的都是怎样的特征？卷积核内的取值有什么规律？

-1	-1	-1
-1	8	-1
-1	-1	-1

outline

图 3-5　使用 outline 卷积核对鸟类图像进行卷积

卷积核作用于图像会提取出图像的某种特征，如某个方向的边。实际上，卷积神经网络会对图像进行多次卷积和池化，进而提取出更深层次的特征，但这些特征一般较抽象，并不是简单的某条边，而有可能是某个点或空间关系上的特征。卷积神经网络首先使用一个卷积核滑过图像来提取某种特征；接着使用激活函数来压制梯度弥散；然后对得到的结果使用另一个卷积核继续提取特征，并使用激活函数激活，对结果进行池化（保留区域中的最大值或用区域平均值来替换整个局部区域的值，保证平移的不变性和在一定程度上对过拟合的压制），对池化后的结果继续使用不同的卷积核进行卷积+激活+池化的工作；最后得到的实质是一个图像的深度特征，使用分类器（如 softmax）对这些特征进行分类。

为了更方便理解，我们可以通过手写字符图像识别网站来观察卷积神经网络的可视化过程。

图 3-6 所示为卷积神经网络的可视化过程。在图像的左上角手写一个字符，图像的右上角就会展示出卷积预测的过程及各层输出的特征图，并展示某一个像素点是由哪些像素点计算得到的。

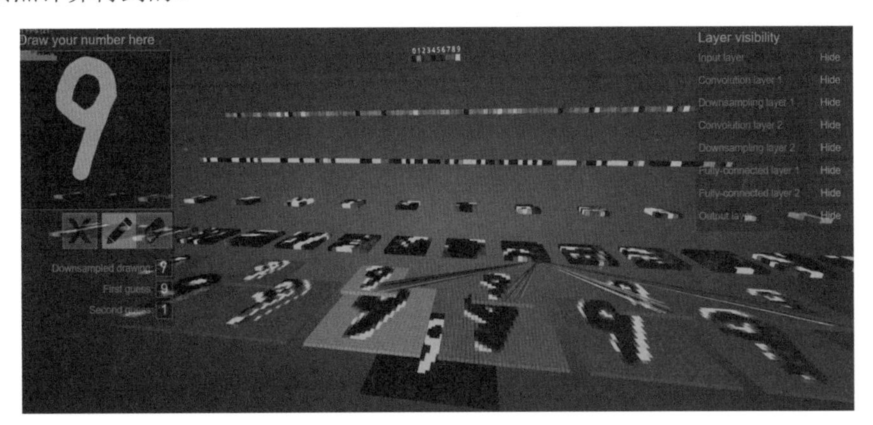

图 3-6　卷积神经网络的可视化过程

读者可以通过上网查阅有关资料，结合对卷积神经网络的理解，实现对鸟类目标的特征提取。

任务 2

实践：使用 Python 实现图像特征的提取

任务描述

使用 Python 实现图像特征的提取。

任务目标

（1）使用 Python 实现 SIFT 特征的提取。
（2）使用 Python 实现 ORB 特征的提取。

任务实施

1. 使用 Python 实现 SIFT 特征的提取

SIFT（Scale Invariant Feature Transform，尺度不变特征变换）是用于图像处理领域的一种描述，这种描述具有尺度不变性，可以在图像中提取出关键点，是一种局部性特征。

使用 SIFT 进行特征匹配主要包括两个阶段：SIFT 特征的生成和 SIFT 特征向量的匹配。SIFT 特征的提取包括以下几个步骤。

（1）构建尺度空间，检测极值点，获得尺度不变性。
（2）过滤特征点并进行精确定位。
（3）为特征点分配方向。
（4）生成局部性特征。

当两张图像的 SIFT 特征向量生成后，就可以采用关键点特征向量的欧氏距离作为两张图像中关键点的相似性来判定度量。取图像 1 中的某个关键点，通过遍历找到图像 2 中距离最近的两个关键点。在这两个关键点中，如果用最近距离除以次近距离得到的值小于某个阈值，则将这两个关键点判定为一对特征点。

下面根据 SIFT 特征提取的原理，使用 Python 实现 SIFT 特征的提取。使用 Python 进行 SIFT 特征提取主要用到以下几个函数：

```
sift = cv2.SIFT_create()                              # 实例化SIFT对象
(kp, des) = sift.detectAndCompute(src, None)# 寻找图像中的特征点和特征向量
sift_src = cv2.drawKeypoints(src,kp,img,color=)      # 绘制特征点
```

其中，sift 表示实例化的 SIFT 对象；kp 表示生成的关键点（特征点）；des 表示特征向量；detectAndCompute()函数中的参数 src 表示输入图像（既可以是原始图像，又可以是待匹配图像）；sift_src 表示绘制特征点后的图像；drawKeypoints()函数中的参数 src 表示原始图像，img 表示输出图像，color 表示绘制的特征点的颜色，默认为随机彩色。

图 3-7 所示为待提取特征和待匹配的鸟类图像。其中，图 3-7（b）由图 3-7（a）旋转得到，可以使用图像旋转函数对图 3-7（a）旋转不同的角度来完成本次实验。

（a）　　（b）

图 3-7　待提取特征和待匹配的鸟类图像

① 创建一个以.py 为后缀的脚本文件，将该脚本文件和上述的两张待提取特征和待匹配图像放在同一个文件夹中。

② 使用 PyCharm 编辑器打开以.py 为后缀的脚本文件，并在该脚本文件中输入如下代码：

```
import cv2
import numpy as np
import time

# 读取图像
src = cv2.imread('bird.jpg ')
rot = cv2.imread('dst03.jpg')

# SIFT实例化
sift = cv2.SIFT_create()

# 获取各图像的特征点及SIFT特征向量
(kp1, des1) = sift.detectAndCompute(src, None)
(kp2, des2) = sift.detectAndCompute(rot, None)

# 显示特征点数目
print('原始图像特征点数目：', des1.shape[0])
```

```
    print('待匹配图像特征点数目：', des2.shape[0])

    # 特征匹配
    # 绘制特征点，并显示为彩色圆圈
    sift_src = cv2.drawKeypoints(src, kp1, src)
    sift_rot = cv2.drawKeypoints(rot, kp2, rot)

    # 对提取特征点后的图像进行横向拼接
    sift_cat1 = np.hstack((sift_src, sift_rot))
    cv2.imwrite("dst14_1.png", sift_cat1)
    cv2.imshow("sift_point1", sift_cat1)
    cv2.waitKey()

    # 特征点匹配
    # 使用K近邻算法求取在空间中距离最近的k个数据点，并将这些数据点归为一类
    start = time.time()     # 计算匹配点的匹配时间
    bf = cv2.BFMatcher()
    matches1 = bf.knnMatch(des1, des2, k=2)
    print('用于原始图像和旋转图像匹配的所有特征点数目：', len(matches1))

    # 调整ratio
    # ratio=0.4：对于准确度要求高的匹配
    # ratio=0.6：对于匹配点数目要求比较多的匹配
    # ratio=0.5：在一般情况下
    ratio1 = 0.5
    good1 = []                # 创建good_match点列表，用于存放匹配的特征点

    for m1, n1 in matches1:
    # 如果用最近距离除以次近距离得到的值大于一个既定的值，则保留这个最接近的值，判定
它与good_match点为一对特征点
        if m1.distance < ratio1 * n1.distance:
            good1.append([m1])

    end = time.time()

    # 通过对good值进行索引，可以指定固定数目的特征点进行匹配，如good[:20]表示对前
20个特征点进行匹配
    match_result1 = cv2.drawMatchesKnn(src, kp1, rot, kp2, good1, None,
flags=2)
    cv2.imwrite("dst14_2.png", match_result1)

    cv2.imshow("matching result", match_result1)
    cv2.waitKey()

    # 方向确定
    # 对待匹配图像通过旋转、变换等方式将其与目标图像对齐，这里使用单应性矩阵
    if len(good1) > 4:
```

```
    ptsA = np.float32([kp1[m[0].queryIdx].pt for m in
good1]).reshape(-1, 1, 2)
    ptsB = np.float32([kp2[m[0].trainIdx].pt for m in
good1]).reshape(-1, 1, 2)
    ransacReprojThreshold = 4
    # 使用RANSAC算法选择其中最优的4个点
    H, status =cv2.findHomography(ptsA, ptsB, cv2.RANSAC,
ransacReprojThreshold)
    imgout = cv2.warpPerspective(rot, H, (src.shape[1], src.shape[0]),
                                flags=cv2.INTER_LINEAR + cv2.WARP_
INVERSE_MAP)

    cv2.imwrite("dst14_3.png", imgout)
    cv2.imshow("result", imgout)
    cv2.waitKey()
```

③ 单击 PyCharm 编辑器中的“运行”按钮，或者按“Ctrl+Shift+F10”组合键，得到如图 3-8 所示的 SIFT 特征提取结果和如图 3-9 所示的 SIFT 特征匹配结果。

图 3-8　SIFT 特征提取结果

图 3-9　SIFT 特征匹配结果

由于 SIFT 基于浮点内核计算特征点，通常认为，使用 SIFT 算法检测的特征在空间和尺度上定位更加精确，因此在要求匹配极度精准且不考虑匹配速度的场合可以考虑使用 SIFT 算法。

尝试将图像用其他方式进行变换，并使用 SIFT 特征进行匹配，看一看结果如何？由此可以看出 SIFT 特征具有什么特性？

2. 使用 Python 实现 ORB 特征的提取

ORB（Oriented FAST and Rotated BRIEF）特征也是由特征点和描述子组成的。ORB

算法是一种快速提取特征点和描述子的算法。ORB 算法分为两部分：oFAST 特征点提取和 rBRIEF 特征点描述。

oFAST 即 FAST Keypoint Orientation，ORB 算法在使用 FAST 算法提取特征点之后，给其定义一个特征点方向，以此来实现特征点的旋转不变性。

rBRIEF 即 Rotation Aware Brief，ORB 算法在特征描述时改进了 BRIEF，在 BRIEF 基础上增加了旋转因子，以此来实现特征点的旋转不变性。

利用 Python 实现 ORB 特征的提取主要用到以下几个函数，其函数的语法格式如下：

```
orb = cv2.ORB_create()                              # 创建ORB对象
kp, des = orb.detectAndCompute(img, None)  # 寻找ORB特征点和特征向量
```

其中，orb 表示实例化的 ORB 对象，kp 表示特征点，des 表示特征向量，img 表示输入图像。

下面介绍使用 Python 实现 ORB 特征提取的实例。

① 准备一对待匹配的图像并命名，并创建一个以.py 为后缀的脚本文件，将两者放在同一个文件夹中。

② 使用 PyCharm 编辑器打开以.py 为后缀的脚本文件，并在该脚本文件中输入如下代码：

```
import numpy as np
import cv2
from matplotlib import pyplot as plt

# 读取图像
img1 = cv2.imread('bird.jpg')
img2 = cv2.imread("dst03.jpg")

# 创建ORB对象
orb = cv2.ORB_create()

# 寻找特征点和特征向量
kp1, des1 = orb.detectAndCompute(img1, None)
kp2, des2 = orb.detectAndCompute(img2, None)

# 绘制特征点
orb_src = cv2.drawKeypoints(img1, kp1, img1)
orb_rot = cv2.drawKeypoints(img2, kp2, img2)

cv2.imshow("orb_src",orb_src)
cv2.imshow("orb_rot",orb_rot)
cv2.waitKey()

# 创建BFMatcher并对特征点和描述子进行匹配
bf = cv2.BFMatcher(cv2.NORM_HAMMING)
matches = bf.match(des1, des2)

# 筛选匹配点
```

```
min_distance = matches[0].distance
max_distance = matches[0].distance
for x in matches:
    if x.distance < min_distance:
        min_distance = x.distance
    if x.distance > max_distance:
        max_distance = x.distance

good_match = []
for x in matches:
    if x.distance <= max(2 * min_distance, 30):
        good_match.append(x)

outimage = cv2.drawMatches(img1,kp1,img2,kp2,good_match,outImg=None)
cv2.imshow("result",outimage)

# 等待显示
cv2.waitKey(0)
cv2.destroyAllWindows()
```

③ 单击 PyCharm 编辑器中的“运行”按钮，或者按“Ctrl+Shift+F10”组合键，得到如图 3-10 所示的 ORB 特征提取结果和如图 3-11 所示的 ORB 特征匹配结果。

（a）　　　　（b）

图 3-10　ORB 特征提取结果

图 3-11　ORB 特征匹配结果

请读者尝试先将原始图像进行其他变换，再使用 ORB 特征进行匹配，看一看结果如何？与 SIFT 特征相比又有什么优势？

项目4

图像分割

任务1

了解图像分割

任务描述

本任务主要介绍什么是图像分割及图像分割的基本方法。

任务目标

（1）了解什么是图像分割。

（2）了解图像分割的基本方法。

任务实施

1. 什么是图像分割

图像分割（Image Segmentation）就是把图像分成若干个特定的、具有独特性质的区域，并提取感兴趣的目标的技术和过程。图像分割技术是计算机视觉领域的重要研究方向，也是图像语义理解和图像识别的重要一环。

2. 图像分割的基本方法

图像分割的基本方法包括基于阈值的分割方法、基于区域的分割方法、基于边缘的分割方法和基于特定理论的分割方法（包含图论、聚类、深度语义等）。图像分割技术被广泛应用于场景物体分割、三维重建、人脸识别、无人驾驶、增强现实等领域。

图像分割的目标是根据图像中的物体将图像的像素分类，并提取感兴趣的目标，如图 4-1 所示。图像分割对于图像识别和计算机视觉来说是至关重要的预处理，没有正确的分割就不可能有正确的识别。图像分割主要依据图像中像素点的亮度及颜色，但计算机在自动处理分割时会遇到各种困难，如光照不均匀、噪声影响、图像中存在不清晰的部分及阴影等，这常导致图像分割错误。同时，随着深度学习和神经网络的发展，基于深度学习和神经网络的图像分割技术有效地提高了图像分割的准确率，能够较好地解决图像中的噪声和不均匀问题。

图 4-1 图像分割

任务 2

实践：使用 Python 实现图像分割

任务描述

本任务主要介绍使用 Python 实现图像分割。

任务目标

（1）使用 Python 实现基于阈值的图像分割。
（2）使用 Python 实现基于边缘检测的图像分割。
（3）使用 Python 实现图像的语义分割。
（4）使用 Python 实现图像的实例分割。

任务实施

1. 使用 Python 实现基于阈值的图像分割

常用的图像分割方法是将图像灰度分为不同等级，并使用设置图像灰度阈值的方法来确定有意义的区域或将要分割的物体边界。图像阈值化（Binarization）旨在剔除图像中一些低于或高于一定值的像素，从而提取图像中的物体，将图像的背景和噪声进行区分。图像阈值化可以被理解为一个简单的图像分割操作，阈值又被称为临界值，其目的是确定一个范围，这个范围内的像素点使用同一种方法处理，而阈值之外的部分则使用另一种方法处理或保持原样。

图像阈值化可以将图像中的像素点划分为两类颜色，常见的阈值化算法如公式（4-1）所示，当某个像素点的灰度 $\mathrm{Gray}(i,j)$小于阈值 T 时，设置像素值为 0，表示黑色；当灰度 $\mathrm{Gray}(i,j)$大于或等于阈值 T 时，设置像素值为 255，表示白色。

$$\mathrm{Gray}(i,j)=\begin{cases}255 & \mathrm{Gray}(i,j)\geqslant T\\ 0 & \mathrm{Gray}(i,j)<T\end{cases} \tag{4-1}$$

在项目 2 中已经介绍了图像固定阈值化方法和自适应阈值化方法，并将其用于处理图像灰度化和图像降噪。实际上，图像阈值化同样可以用于图像分割。读者可以尝试使用 threshold()函数与 adaptiveThrehold()函数实现基于阈值的图像分割。这里不再赘述。

2. 使用 Python 实现基于边缘检测的图像分割

（1）利用微分算子进行边缘检测。

图像中相邻区域之间的像素集合共同构成了图像的边缘。基于边缘检测的图像分割方法通过确定图像中的边缘轮廓像素，并将这些像素连接起来构建区域边缘。沿着图像边缘走向的像素值变化比较小，而沿着垂直于边缘走向的像素值变化比较大，因此通常采用一阶导数和二阶导数描述和检测边缘。

常用于图像边缘检测的微分算子有 Roberts、Prewitt、Sobel、Laplacian、Scharr、Canny、LOG 等。这里不对这些微分算子的原理进行逐一解释，只向读者介绍这些微分算子的使用方法。

下面介绍使用 Roberts、Prewitt、Sobel、Laplacian、Scharr、Canny 和 LOG 微分算子进行边缘检测的方法。

① 准备一张待检测的图像并命名，这里将其命名为“bird4.jpg”，并创建一个以.py 为后缀的脚本文件，将两者放在同一个文件夹中。

② 使用 PyCharm 编辑器打开以.py 为后缀的脚本文件，并在该脚本文件中输入如下代码：

```
# -*- coding: utf-8 -*-
import cv2
import numpy as np
import matplotlib.pyplot as plt

#读取图像
img = cv2.imread('bird4.jpg')
lenna_img = cv2.cvtColor(img, cv2.COLOR_BGR2RGB)

#图像灰度化转换
grayImage = cv2.cvtColor(img, cv2.COLOR_BGR2GRAY)

#高斯滤波
gaussianBlur = cv2.GaussianBlur(grayImage, (3,3), 0)

#图像阈值化处理
ret, binary = cv2.threshold(gaussianBlur, 127, 255, cv2.THRESH_
BINARY)

#Roberts微分算子
kernelx = np.array([[-1,0],[0,1]], dtype=int)
kernely = np.array([[0,-1],[1,0]], dtype=int)
x = cv2.filter2D(binary, cv2.CV_16S, kernelx)
y = cv2.filter2D(binary, cv2.CV_16S, kernely)
absX = cv2.convertScaleAbs(x)
absY = cv2.convertScaleAbs(y)
Roberts = cv2.addWeighted(absX, 0.5, absY, 0.5, 0)
```

```
#Prewitt微分算子
kernelx = np.array([[1,1,1],[0,0,0],[-1,-1,-1]], dtype=int)
kernely = np.array([[-1,0,1],[-1,0,1],[-1,0,1]], dtype=int)
x = cv2.filter2D(binary, cv2.CV_16S, kernelx)
y = cv2.filter2D(binary, cv2.CV_16S, kernely)
absX = cv2.convertScaleAbs(x)
absY = cv2.convertScaleAbs(y)
Prewitt = cv2.addWeighted(absX,0.5,absY,0.5,0)

#Sobel微分算子
x = cv2.Sobel(binary, cv2.CV_16S, 1, 0)
y = cv2.Sobel(binary, cv2.CV_16S, 0, 1)
absX = cv2.convertScaleAbs(x)
absY = cv2.convertScaleAbs(y)
Sobel = cv2.addWeighted(absX, 0.5, absY, 0.5, 0)

#Laplacian微分算子
dst = cv2.Laplacian(binary, cv2.CV_16S, ksize = 3)
Laplacian = cv2.convertScaleAbs(dst)

#Scharr微分算子
x = cv2.Scharr(grayImage, cv2.CV_32F, 1, 0) #X方向
y = cv2.Scharr(grayImage, cv2.CV_32F, 0, 1) #Y方向
absX = cv2.convertScaleAbs(x)
absY = cv2.convertScaleAbs(y)
Scharr = cv2.addWeighted(absX, 0.5, absY, 0.5, 0)

#Canny微分算子
gaussian = cv2.GaussianBlur(grayImage, (3,3), 0)   #高斯滤波降噪
Canny = cv2.Canny(gaussian, 50, 150)

#LOG微分算子
gaussian = cv2.GaussianBlur(grayImage, (3,3), 0)   #通过高斯滤波降噪
#通过Laplacian微分算子进行边缘检测
dst = cv2.Laplacian(gaussian, cv2.CV_16S, ksize = 3)
LOG = cv2.convertScaleAbs(dst)

#效果图
titles = ['Source Image', 'Binary Image', 'Roberts Image',
        'Prewitt Image','Sobel Image', 'Laplacian Image',
        'Scharr Image', 'Canny Image', 'LOG Image']
images = [lenna_img, binary, Roberts, Prewitt, Sobel, Laplacian,
        Scharr, Canny, LOG]
for i in np.arange(9):
   plt.subplot(3, 3, i+1),plt.imshow(images[i],'gray')
   plt.title(titles[i])
   plt.xticks([]),plt.yticks([])
```

```
plt.show()
```

③ 单击 PyCharm 编辑器中的“运行”按钮，或者按“Ctrl+Shift+F10”组合键，得到利用 Roberts、Prewitt、Sobel、Laplacian、Scharr、Canny、LOG 微分算子进行图像分割的结果，如图 4-2 所示。

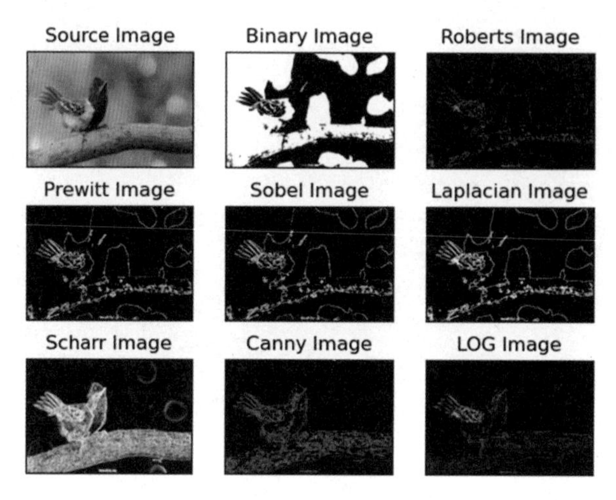

图 4-2　利用 Roberts、Prewitt、Sobel、Laplacian、Scharr、Canny、LOG 微分算子进行图像分割的结果

请观察，每个微分算子有什么特点？读者可以自行查询这些微分算子的原理，并与本书中的代码进行对应。

（2）findContours()函数。

此外，OpenCV 提供了一种可以直接从二值图像中寻找轮廓的函数 findContours()，该函数的语法格式如下：

```
dst, contours, hierarchy = findContours(image, mode, method, (offset))
```

其中，contours 表示找到的轮廓，函数运行的结果存储在该变量中。hierarchy 表示输出变量，包含图像的拓扑信息，当作为轮廓数量表示时，它包含了许多元素，每个轮廓 contours[i]对应 4 个 hierarchy 元素 hierarchy[i][0]至 hierarchy[i][3]，分别表示后一个轮廓、前一个轮廓、父轮廓、内嵌轮廓的索引编号。image 表示输入图像。mode 表示轮廓检索模式，当取值为 cv2.RETR_EXTERNAL 时，表示只检测外轮廓；当取值为 cv2.RETR_LIST 时，表示提取所有轮廓，且检测的轮廓不建立等级关系；当取值为 cv2.RETR_CCOMP 时，表示提取所有轮廓，并建立两个等级的轮廓，上面一层为外边界，里面一层为内孔的边界；当取值为 cv2.RETR_TREE 时，表示提取所有轮廓，并且建立一个等级树或网状结构的轮廓。method 表示轮廓的近似方法，当取值为 cv2.CHAIN_APPROX_NONE 时，表示存储所有的轮廓点，相邻的两个像素点（像素点坐标分别为(x1, y1)和(x2, y2)）的位置差不超过 1，即 max(abs(x1−x2), abs(y1−y2))≤1；当取值为 cv2.CHAIN_APPROX_SIMPLE 时，表示压缩水平方向、垂直方向、对角线方向的元素，只保留该方向的终点坐标，如一个矩阵轮廓只需 4 个像素点来确定；当取值为 cv2.CHAIN_APPROX_TC89_L1 和 cv2.CHAIN_ APPROX_TC89_KCOS 时，表示使用 The-ChinlChain 近似算法。offset 为可选参数，表示每个轮廓点的可选偏移量。使用 findContours()函数检测图像轮廓后，通常使用 drawContours()函数绘制检测到的轮廓，该函数的语法格式如下：

```
dst = drawContours(image, contours, contourIdx, color, (thickness),
(lineType), (hierarchy), (maxLevel), (offset))
```

其中，image 表示要绘制轮廓的背景图像；contours 表示所有的输入轮廓，每个轮廓存储为一个点向量；contourIdx 表示轮廓绘制的指示变量，如果为负数，则表示绘制所有轮廓；color 表示绘制轮廓的颜色；thickness 表示绘制轮廓线条的粗细程度，默认值为 1；lineType 表示线条类型，默认值为 8（连通线型）；hierarchy 表示可选的层次结构信息；maxLevel 表示用于绘制轮廓的最大等级，默认值为 INT_MAX；offset 表示每个轮廓点的可选偏移量。

下面介绍基于边缘检测的图像分割实例。

① 准备一张待检测的图像并命名，这里将其命名为“bird5.png”，并创建一个以.py 为后缀的脚本文件，将两者放在同一个文件夹中。

② 使用 PyCharm 编辑器打开以.py 为后缀的脚本文件，并在该脚本文件中输入如下代码：

```
# -*- coding: utf-8 -*-
import cv2
import numpy as np
import matplotlib.pyplot as plt

#读取图像
img = cv2.imread('bird5.png')
rgb_img = cv2.cvtColor(img, cv2.COLOR_BGR2RGB)

#图像灰度化处理
grayImage = cv2.cvtColor(img, cv2.COLOR_BGR2GRAY)

#图像阈值化处理
ret, binary = cv2.threshold(grayImage, 0, 255,
                        cv2.THRESH_BINARY+cv2.THRESH_OTSU)

#边缘检测
contours, hierarchy = cv2.findContours(binary, cv2.RETR_TREE,
                                       cv2.CHAIN_APPROX_SIMPLE)

#轮廓绘制
cv2.drawContours(img, contours, -1, (0, 255, 0), 1)

#显示图像
cv2.imshow('gray', binary)
cv2.imshow('res', img)
cv2.waitKey(0)
cv2.destroyAllWindows()
```

③ 单击 PyCharm 编辑器中的“运行”按钮，或者按“Ctrl+Shift+F10”组合键，得到基于边缘检测的图像分割的运行结果，如图 4-3 所示，检测的轮廓用绿色线表示。

（a）

（b）

图 4-3　基于边缘检测的图像分割的运行结果

3. 使用 Python 实现图像的语义分割

下面以 DeepLabv3+算法实现图像的语义分割，让读者感受语义分割的效果。其中，主要使用的两个函数的语法格式如下：

```
    segment_image.load_pascalvoc_model(model_name)
    segment_image.segmentAsPascalvoc(input_image, output_image_name = ,
(overlay=))
```

其中，segment_image.load_pascalvoc_model()函数用于加载训练模型文件，model_name 表示训练模型文件路径。segment_image.segmentAsPascalvoc()函数的内置方法可以直接实现语义分割，input_image 表示待分割图像；output_image_name 表示输出分割结果的文件名，由用户自定义；overlay 表示可选参数，当值为 True 时，输出分段叠加层图像。

① 首先使用命令提示符窗口进入目标虚拟环境。在命令提示符窗口中输入以下安装命令：

```
pip install tensorflow
pip install pillow
pip install opencv-python
pip install scikit-image
pip install pixellib
```

② 安装完之后，下载 Xception 模型。读者可以通过访问项目网址下载开源数据集 PascalVOC 训练得到的开源模型。

③ 创建一个以.py 为后缀的脚本文件，确保模型文件、待分割图像及脚本文件在同一个文件夹中。

④ 使用 PyCharm 编辑器打开以.py 为后缀的脚本文件，并在该脚本文件中输入如下代码：

```
import pixellib
from pixellib.semantic import semantic_segmentation
```

```
# 创建用于执行语义分割的类实例
segment_image = semantic_segmentation()

# 使用load_pascalvoc_model()函数加载训练模型
segment_image.load_pascalvoc_model("deeplabv3_xception_tf_dim_orderi
ng_tf_kernels.h5")

# 使用segmentAsPascalvoc()函数进行图像语义分割
segment_image.segmentAsPascalvoc("bird6.jpg",output_image_name="dst_
17.jpg")
segment_image.segmentAsPascalvoc("bird6.jpg",output_image_name="dst_
17_1.jpg",overlay=True)
```

⑤ 单击 PyCharm 编辑器中的“运行”按钮，或者按“Ctrl+Shift+F10”组合键，最终得到图像语义分割的结果，如图 4-4 所示。

其中，图 4-4（a）所示为原始图像，图 4-4（b）所示为分割图像，图 4-4（c）所示为分段叠加图像。可以看出，语义分割可以很好地将图像中的目标从背景中划分出来。

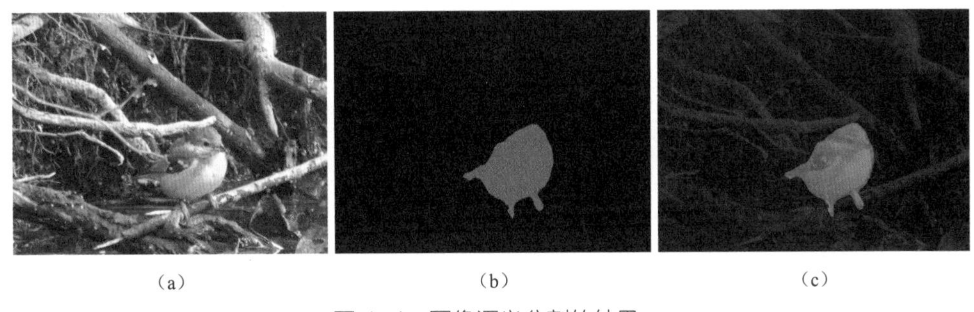

（a）　（b）　（c）

图 4-4　图像语义分割的结果

语义分割只能划分类别，而不能对同类进行划分。例如，某图像中有 3 只鸭子，语义分割只能将属于“鸭子”的像素归为一类，进而将“鸭子”分割出来，并不能将不同的“鸭子”归为不同的类。因此，要分割出同类别的不同实例，需要使用实例分割方法。

4. 使用 Python 实现图像的实例分割

实例分割（Instance Segmentation）会在对象检测的基础上进一步细化，划分出对象的前景与背景，从而实现像素级别的对象分离。实例分割是结合目标检测与语义分割的更高级的任务，在目标检测、人脸检测、表情识别、医学图像处理与疾病辅助诊断、视频监控与对象跟踪、零售场景的货架空缺识别等场景下均有应用。

接下来使用 PixelLib 模块调用 Mask R-CNN 模型来实现对目标对象的实例分割，具体用到的函数如下：

```
segment_image = instance_segmentation()
segmentImage(path, output_image_name= , (show_bboxes= ))
```

instance_segmentation()函数用于创建实例分割的实例，segmentImage()函数用于执行实例分割操作。其中，path 表示待分割图像路径；output_image_name 表示生成分割后的图像名称，由用户自定义；show_bboxes 表示可选项，如果值为 True，则生成分割蒙版边缘框。此外，还要下载训练好的 Mask R-CNN 模型。用户可以从互联网上自行下载。

下面介绍使用 PixelLib 模块调用 Mask R-CNN 模型来实现图像实例分割的实例。

① 准备一张待分割的图像并命名，并创建一个以.py 为后缀的脚本文件，将两者放在同一个文件夹中。

② 使用 PyCharm 编辑器打开以.py 为后缀的脚本文件，并在该脚本文件中输入如下代码：

```
import pixellib
from pixellib.instance import instance_segmentation

# 导入用于执行实例分析的类并创建实例
segment_image = instance_segmentation()

# 加载Mask R-CNN模型
segment_image.load_model("mask_rcnn_coco.h5")

# 使用segmentImage()函数执行实例分割
segment_image.segmentImage("bird7.jpg",output_image_name="dst18.jpg")
segment_image.segmentImage("bird7.jpg",output_image_name="dst18_1.jpg", show_bboxes=True)
```

③ 单击 PyCharm 编辑器中的“运行”按钮，或者按“Ctrl+Shift+F10”组合键，得到如图 4-5 所示的实例分割结果。

其中，图 4-5（a）所示为原始图像，图 4-5（b）所示为分割图像，图 4-5（c）所示为加入分割蒙版边缘框的图像。

（a）

（b）

（c）

图 4-5　实例分割结果

项目5

图像中的目标检测

任务 1

了解目标检测

任务描述

本任务主要介绍目标检测的应用领域与目标检测的方法，帮助读者了解目标检测的相关知识。

任务目标

（1）了解目标检测的应用领域。
（2）了解目标检测的基本方法。

任务实施

1. 目标检测的应用领域

目标检测是计算机视觉领域中的一项关键技术。计算机通过目标检测技术能够识别并定位图像、视频中的一个或多个特定对象。与简单的图像分类不同，目标检测不仅要识别图像中的物体类别，还要确定物体的位置。

近年来，随着深度学习技术的快速发展，目标检测技术也取得了显著的进展。用户通过利用深度卷积神经网络与目标检测模型，极大地提高了目标检测的准确性和效率。

目标检测推动了人工智能技术的整体进步，在工业生产、物流、零售等领域，使用目标检测可以提高自动化水平，减少人工成本。在智能制造领域，使用目标检测可以自动检测产品缺陷，保证产品质量。此外，目标检测在自动驾驶、医疗等领域也具有广泛的应用。

2. 目标检测的基本方法

正如前面介绍的，经典目标检测算法分为两种：Two-Stage 算法和 One-Stage 算法。Two-Stage 算法又包括 R-CNN、SPP-Net、Fast R-CNN 等算法；One-Stage 算法又包括 OverFeat、SSD、YOLO 等算法。

R-CNN 算法首次将深度学习算法应用在目标检测上。R-CNN 算法与传统的目标检测算法思路一致，利用提取框进行特征提取、图像分类及异常值抑制等步骤。特征提取模块采用深度卷积网络进行。

SPP-net 算法的步骤和 R-CNN 算法的步骤很相似，也是采用提取框提取。SPP-net 算法与 R-CNN 算法不同的是，SPP-net 算法在特征提取时结合了 CNN+SPP+FC 的结构。首先使用 CNN 算法一次性提取整幅图像的特征数据，然后将其对应到各提取框的映射区域，使用金字塔空间池化（Spatial Pyramid Pooling，SPP）提取固定长度的特征向量，并将其发送给全连接层。

Fast R-CNN 是基于 R-CNN 算法和 SPP-net 算法的优化算法。顾名思义，Fast R-CNN 算法更快、更强，训练速度与 R-CNN 算法相比有了较大提升。首先利用区域建议（Selective Search）将图像绘制为上千个候选框，然后将图像输入网络得到对应的特征图，将候选框投影在特征图上得到特征。

OverFeat 算法的思路是通过绘制不同大小的候选框，以一种暴力破解的方式滑动候选框，计算当前位置的候选框投影是目标物体的概率，根据需求选出概率最大的候选框作为目标体。

SSD 算法通过单神经网络进行目标检测，以每个像素点为中心绘制多个候选框，在多个段的输出上进行多尺度的检测。

与 SSD 算法以像素点为中心绘制候选框相比，YOLO 算法像切蛋糕一样将图像进行平均分框，并且只要求目标物体中心落在框中即可做出检测，并不要求整个物体都在框中。后续任务将以 YOLOv5 算法为例进行目标检测。

任务 2

制作图片数据集

任务描述

本任务主要介绍制作图片数据集，为后续的目标检测模型训练做准备。

任务目标

（1）了解数据集的定义。

（2）了解常用数据集。

（3）制作图片数据集。

任务实施

1. 数据集的定义

数据集又被称为数据集合，是一批数据的集合，一般表现形式为表格。每行都对应该数据集的一个成员，每列都表示一个特征。例如，一个不同鸟类的数据集，每行可能表示一只鸟，而对应的列则是这只鸟的一些特征（如羽毛颜色、体形大小、喙的形状等）。

数据集是人工智能的燃料，也是人工智能算法训练和验证模型的重要资源。数据集质量的好坏直接影响人工智能模型的质量。在各个应用方向上都有开源的标准数据集可供人工智能的从业者使用，但有时由于适用场景和其他因素的限制，标准数据集不能满足需求，就需要根据特定需求来制作数据集。

2. 常用数据集

一个好的数据集是训练精准模型的基础，因此用户可以在网络上下载一些开源数据集来训练模型。下面介绍几个比较常用的数据集。

（1）PASCAL VOC 数据集。

PASCAL VOC（The Pattern Analysis, Statical Modeling and Computational Learning Visual Object Classes）是 PASCAL VOC 挑战赛中官方提供的数据集，PASCAL VOC 是一个世界级的计算机视觉挑战赛。很多优秀的计算机视觉模型（如分类、定位、检测、分割、动作识别等）都是基于 PASCAL VOC 挑战赛及其数据集训练得出的，尤其是一些目标检测模型。每届 PASCAL VOC 挑战赛都会推出内容更新的 PASCAL VOC 数据集。对研究者来说，比较重要的两个年份的数据集是 PASCAL VOC 2007 与 PASCAL VOC 2012，这两个数据集常出现在一些检测或分割类的论文中。用户可以通过 PASCAL VOC 官方网站下载 PASCAL VOC 数据集。

（2）MSCOCO 数据集。

MSCOCO（Microsoft Common Objects in Context）是由微软公司构建的一个数据集，包含 detection、segmentation、keypoints 等任务。与 PASCAL VOC 数据集相比，MSCOCO 数据集中的图片包含了自然图片及生活中常见的目标图片，背景比较复杂，目标数量比较多，目标尺寸比较小，因此 MSCOCO 数据集上的任务执行起来比较困难。对检测任务来说，现在更倾向于使用 MSCOCO 数据集上的检测结果来衡量一个模型的好坏。用户可以通过 MSCOCO 官方网站下载 MSCOCO 数据集。

（3）CUB-200 数据集。

CUB-200 数据集包含生活中多种类别的物体，如果想要实现对其中某种类别物体的检测，则需要将指定类别的数据从这些数据集中提取出来，也可以下载一些只含某类目标的数据集。以鸟类目标为例，用户可以使用 CUB-200（Caltech-UCSD Birds-200）数据集进行检测。CUB-200 是由加州理工学院提供的鸟类数据集，共包含 200 种鸟类的 11 788 张图片，在使用中通常划分为训练集（100 种）、验证集（50 种）和测试集（50 种），图片尺寸统一为 84 像素×84 像素。用户可以在 CUB-200 官方网站中下载 CUB-200 数据集。

（4）其他开源数据集。

用户也可以根据自己的任务目标，在网络上寻找其他开源数据集。在训练模型时可以利用网络中的开源数据集来节省工作量，也可以基于这些开源数据集，搜集一些数据并进行标注，建立自己的数据集。此外，还可以将多个开源数据集组合，或者在开源数据集中添加自己的数据，进而对这些开源数据集进行扩充，使模型的迁移能力更好。

3. 制作图片数据集

下面介绍使用 labelImg 制作图片数据集。

（1）安装 labelImg。

为了进行数据标注，需要下载 labelImg，步骤如下。

① 打开命令提示符窗口，执行“conda activate 环境名”命令，进入工作环境。

② 进入 Anaconda 工作环境，在命令提示符窗口中输入如下命令并执行，进行 labelImg 的安装。

```
pip install labelImg
```

③ 在命令提示符窗口中输入如下命令并执行，即可打开 labelImg。如果打开了如图 5-1 所示的 labelImg 界面，则表示安装成功。

```
labelImg
```

labelImg 界面左侧部分按钮的说明如下。

- Open：导入单张图片。
- Open Dir：打开图片文件目录，批量导入图片。
- Change Save Dir：更改标签保存路径。
- Next Image：下一张图片。
- Prev Image：上一张图片。

- Verify Image：更改标签文件中的内容。
- Save：保存标签。
- YOLO：生成的标签格式。本书使用 YOLOv5 算法进行目标检测，应将标签格式调整成 YOLO。
- Create RectBox：生成选框，手动框出图片中的物体，即可生成该选框的坐标信息，并写入标签中。此外，还需要为被框出的物体输入类别名称。

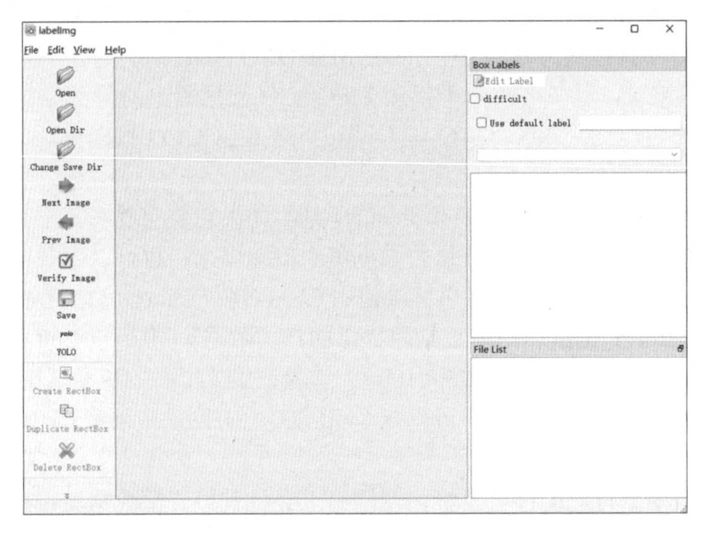

图 5-1　labelImg 界面

（2）标注图片。

① 单击 labelImg 界面左侧的“Open Dir”按钮，打开图片文件目录，选择存放图片的文件夹，即可在中间区域显示出文件夹中的图片，以供标注。

② 按住鼠标左键，在图片上拖曳选框，将鸟类目标全部包括在选框中，不要留出空余部分，也最好不要缺少鸟类目标。图片标注的结果如图 5-2 所示。

图 5-2　图片标注的结果

③ 生成选框后，打开“labelImg”对话框，在文本框中输入“bird”，表示选框中的目标为“bird”。

④ 标注完成后，在标签保存的文件夹中生成同名的标签文件（000001.txt）与classes.txt 文件。这两个文件的内容如下：

```
# 000001.txt
0 0.583333 0.569000 0.598039 0.774000
1 0.467344 0.383320 0.574329 0.716603
# classes.txt
Bird1
Bird2
```

如果 classes.txt 文件中有 Bird1、Bird2 两类。其中，第一列数据为标签类别，如果为 0，则表示这条数据的类别为 classes.txt 文件第一行所述的类别（也就是 Bird1）；如果为 1，表示这条数据的类别为 classes.txt 文件第二行所述的类别，以此类推。

第一列数据为 0，其后的 4 个数值分别为归一化后的矩形框的中心点横坐标、中心点纵坐标、选框宽度、选框高度。将多张图片按照上述方法进行标注，就会形成数据集。

4. 数据集划分

在进行模型训练以前，需要将数据集进行划分，一般来说，按照“训练集∶验证集=8∶2”的比例进行随机划分，并将划分好的数据集按照如下方式进行存储，需要注意的是，每个文件夹中的图片和标签要相互对应。

```
-images      # 图片文件夹
-train       # 训练集图片文件夹
-val         # 验证集图片文件夹
-labels      # 标签文件夹
-train       # 训练集标签文件夹
-val         # 验证集标签文件夹
```

这里给出数据集划分的示例代码，也可以按照自己的编程习惯自行编写，操作步骤如下。

① 创建一个以.py 为后缀的脚本文件，将数据集图片文件夹命名为“images”，将标签文件夹命名为“labels”，并放在名为“undivided”的文件夹中，将以.py 为后缀的脚本文件和 undivided 文件夹放在同一个目录下。

② 使用 PyCharm 编辑器打开以.py 为后缀的脚本文件，并在该脚本文件中输入如下代码：

```
import os
import numpy as np
import shutil

rootdir = './undivided/images'       # 源数据集图片的文件夹的路径
rootdir1 = './undivided/labels'      # 源数据集标签的文件夹的路径

a = os.listdir(rootdir)
np.random.shuffle(a)                 # 将数据集顺序打乱
_a = a[:]
```

```
for i in range(len(_a)):
    _a[i] = _a[i].replace('jpg','txt')

d = 8 * int(len(a)/10)    # 将数据集分为两部分，其中，8/10为训练集，2/10为验证集
b = a[:d]                 # 数据集的前半部分
c = a[d:]                 # 数据集的后半部分

_b = _a[:d]               # 数据集的前半部分
_c = _a[d:]               # 数据集的后半部分

# 新建文件夹以保存随机数据集
os.mkdir(os.path.join('./undivided/randomimg'))
# 新建文件夹以保存随机数据集的训练集图片
os.mkdir(os.path.join('./undivided/randomimg/trainimg'))
# 新建文件夹以保存随机数据集的训练集标签
os.mkdir(os.path.join('./undivided/randomimg/trainlab'))
# 新建文件夹以保存随机数据集的验证集图片
os.mkdir(os.path.join('./undivided/randomimg/valimg'))
# 新建文件夹以保存随机数据集的验证集标签
os.mkdir(os.path.join('./undivided/randomimg/vallab'))

for i in b:
    # 随机数据集的图片的路径
    targetpic_dir_1 = os.path.join('./undivided/randomimg/trainimg', i)
    # 原始数据集的图片的路径
    oripic_dir_1 = os.path.join('./undivided/images', i)
    shutil.copy(oripic_dir_1, targetpic_dir_1)

for i in _b:

    # 随机数据集的标签的路径
    targetlab_dir_1 = os.path.join('./undivided/randomimg/trainlab', i)
    # 原始数据集的标签的路径
    orilab_dir_1 = os.path.join('./undivided/labels', i)
    shutil.copy(orilab_dir_1, targetlab_dir_1)

for j in c:
    # 随机数据集的图片的路径
    targetpic_dir_2 = os.path.join('./undivided/randomimg/valimg', j)
    # 原始数据集的图片的路径
    oripic_dir_2 = os.path.join('./undivided/images', j)
    shutil.copy(oripic_dir_2, targetpic_dir_2)

for j in _c:

    # 随机数据集的标签的路径
```

```
targetlab_dir_2 = os.path.join('./undivided/randomimg/vallab', j)
# 原始数据集的标签的路径
orilab_dir_2 = os.path.join('./undivided/labels', j)
shutil.copy(orilab_dir_2, targetlab_dir_2)
```

③ 单击 PyCharm 编辑器中的“运行”按钮，或者按“Ctrl+Shift+F10”组合键，代码运行后，脚本可以自动完成数据集的划分。

④ 最终得到划分好的数据集。其中，undivided/images 文件夹存放的是未划分的图片文件，undivided/labels 文件夹存放的是未划分的标签文件。在生成的结果中，/randomimg/trainimg 为划分后的训练集图片，/randomimg/valimg 为划分后的验证集图片，/randomimg/trainlab 为划分后的训练集标签，/randomimg/vallab 为划分后的验证集标签。

任务 3

实践：以 YOLOv5 为例实现目标检测

任务描述

本任务主要以 YOLOv5 为例来实现目标检测。

任务目标

（1）了解 YOLOv5。
（2）配置 YOLOv5 依赖环境。
（3）使用 YOLOv5 实现目标检测。

任务实施

1. 了解 YOLOv5

YOLO（You Only Look Once）是一种先进的目标检测系统，它将物体检测作为回归问题求解，基于一个单独的端到端（end-to-end）的网络，输入原始图像并输出物体位置和类别。与 RCNN、SPP-Net 等 Two-Stage 算法不同，YOLO 属于 One-Stage 算法，把检测问题转化为回归问题，求解选框的位置信息，最终得到选框的 4 个坐标值 x、y、w、h（选框的位置信息，x：中心点横坐标，y：中心点纵坐标，w：选框宽度，h：选框高度）和一个置信度 c。

直到现在，YOLO 系列算法仍在不断更新，已经有 YOLOv1、YOLOv2（YOLO9000）、YOLOv3、YOLOv4、YOLOv5 等版本及各种基于 YOLO 的改进算法，每个版本的算法都对网络及训练方法进行了更新。表 5-1 所示为各个版本 YOLO 算法的对比。

表 5-1　各个版本 YOLO 算法的对比

算法名称	网络结构	输入	输出	损失	优点/局限性/改进/创新点
YOLOv1	GoogLeNet（24 个卷积层，2 个全连接层）	大小为 448×448×3 的输入图像	大小为7×7×30的张量信息，其中包含每个网格要预测的 2 个选框（下面简称bbox），每个 bbox 要预测的 (x,y,w,h) 和置信度 c，共 5 个值及 20 个类别	（1）负责检测物体 bbox 中心点的定位误差。（2）负责检测物体的 bbox 宽度、高度的定位误差。（3）负责检测物体的 bbox 置信度误差。（4）检测物体的 grid cell 分类误差	优点：速度快，实时性高，迁移能力强。局限：对小物体，密集物体检测效果差；对不常见的角度的目标泛化性能偏弱，精度和准确率低
YOLOv2 (YOLO9000)	Darknet19	大小为 416×416×3 的输入图像	大小为13×13×125的张量信息，其中包含每个网格的 5 个 anchor，每个 anchor 要预测的 (x,y,w,h) 和置信度 c，共 5 个值及 20 个类别	（1）定位损失。（2）置信度损失。（3）分类损失	改进： （1）加入 BN 层（加快收敛，改善梯度，对随机初始化减少敏感，起到正则化的作用，防止过拟合，可以取代 Dropout 操作）。 （2）采用高分辨率分类器。 （3）采用先验框。 （4）采用聚类提取先验框尺度。 （5）约束预测边框的位置。 （6）检测细粒度特征。 （7）采用多尺度图像训练。 （8）采用高分辨率图像的对象检测。 （9）采用 Darknet19 网络
YOLOv3	Darknet53	大小为 416×416×3 的输入图像	大小分别为 13×13×3×85、26×26×3×85、52×52×3×85 的张量信息，其中包括 3 个不同尺度的特征，4 个位置预测及下个置信度预测，3 个预测框共需要 3×(80+5)=255 维，也就是每个特征图的通道数量	（1）正样本坐标。（2）正样本置信度和类别。（3）负样本置信度	改进： （1）主干网络：将 Darknet19 改为 Darknet53。 （2）将 softmax 改为 logisticregression（Softmax 图输出的多个类别预测之间会相互抑制，只能预测出一个类别，而 Logistic 分类器相互独立）。 （3）采用多尺度预测。 创新点： （1）加入先验框，通过在训练集中进行 K-means 聚类得到 9 个先验框的尺寸。 （2）多尺度采用金字塔网络 FPN 上的采样和融合思想，在 3 个不同尺度的特征层中有相对应的输出。 （3）使用逻辑回归替代 softmax 作为分类器，实现多标签分类。 （4）采用 Darknet53 加入跳跃连接的思想，使用降采样代替池化

续表

算法名称	网络结构	输入	输出	损失	优点/局限性/改进/创新点
YOLOv4	CSPDarknet53	大小为608×608×3的输入图像	大小分别为19×19×3×85、38×38×3×85、76×76×3×85的张量信息，其中包括3个不同尺度的特征、4个位置预测及1个置信度预测，3个预测框共需要3×(80+5)=255维，也就是每个特征图的通道数量	直接根据预测框和真实框的中心点坐标，以及宽度、高度的信息设定均方误差（Mean Square Error，MSE）损失函数	改进：引入5个基本组件。 （1）CBM：YOLOv4算法结构中的最小组件，由Conv+BN+Mish激活函数组成。 （2）CBL：由Conv+BN+Leaky_relu激活函数组成。 （3）Res unit：借鉴Resnet网络中的残差结构，可以构建更深的网络。 （4）CSPX：借鉴CSPNet网络结构，由卷积层和X个Res unit模块Concat组成。 （5）SPP：采用1×1、5×5、9×9、13×13的最大池化的方式，进行多尺度融合。 创新点： （1）输入端：这里指的创新主要是训练时对输入端的改进，包括Mosaic数据增强、cmBN、SAT自对抗训练。 （2）BackBone主干网络：将各种新的方式结合起来，包括CSPDarknet53、Mish激活函数、Dropblock。 （3）Neck：目标检测网络在BackBone和最后的输出层之间会插入一些层，如YOLOv4算法中的SPP模块、FPN+PAN结构。 （4）Prediction：输出层的anchor机制和YOLOv3算法的anchor机制相同，主要改进的是训练时的损失函数CIOU_Loss()，以及将预测框筛选的nms变为DIOU_nms
YOLOv5	CSPDarknet53	大小为608×608×3的输入图像	大小分别为19×19×3×85、38×38×3×85、76×76×3×85的张量信息，其中包括3个不同尺度的特征、4个位置预测及1个置信度预测，3个预测框共需要3×(80+5)=255维，也就是每个特征图的通道数量	（1）分类损失（Classification Loss）。 （2）定位损失（Localization Loss），即预测框与真实值（Ground Truth，GT）框之间的误差。 （3）置信度损失（Confidence Loss），即预测框的目标值。YOLOv5使用二元交叉熵损失函数计算类别概率和目标置信度得分的损失。YOLOv5使用CIoU Loss作为选框回归的损失	改进： （1）增强数据。 （2）采用自适应锚定框。 （3）采用BackBone跨阶段局部网络（CSPNet）。 （4）采用Neck路径聚合网络（PANet）。 （5）采用Head-YOLO通用检测层。 （6）采用改进网络结构。 （7）采用激活函数（Activation Function）。 （8）采用优化函数（Optimization Function）。 （9）采用成本函数（Cost Function）。 YOLOv5的作者提供了两个优化函数，分别为Adam()和SGD()（默认），并都预设了与之匹配的训练超参数。而YOLOv4则使用SGD()函数。 优点： （1）YOLOv5算法采用PyTorch框架，更容易投入生产。 （2）代码易读。 （3）易于配置环境，并且能批处理推理产生的实时结果。 （4）能够直接对单个图像、视频进行批处理。 （5）易部署

在项目 3 中已经介绍了如何利用卷积神经网络提取图像特征。YOLO 的主干实际上就是一个深层的卷积神经网络，YOLOv5 的网络结构总体可以分为 BackBone、Neck 和 Head 三部分（如果添加上 Input，则可以将 YOLOv5 的网络结构分为四部分）。其中，BackBone 为骨干网络部分，用于对输入图像进行特征提取；Neck 部分用于对特征进行混合和组合；Head 部分用于对结果进行预测和输出。以 YOLOv5 为例，其网络结构如图 5-3 所示。

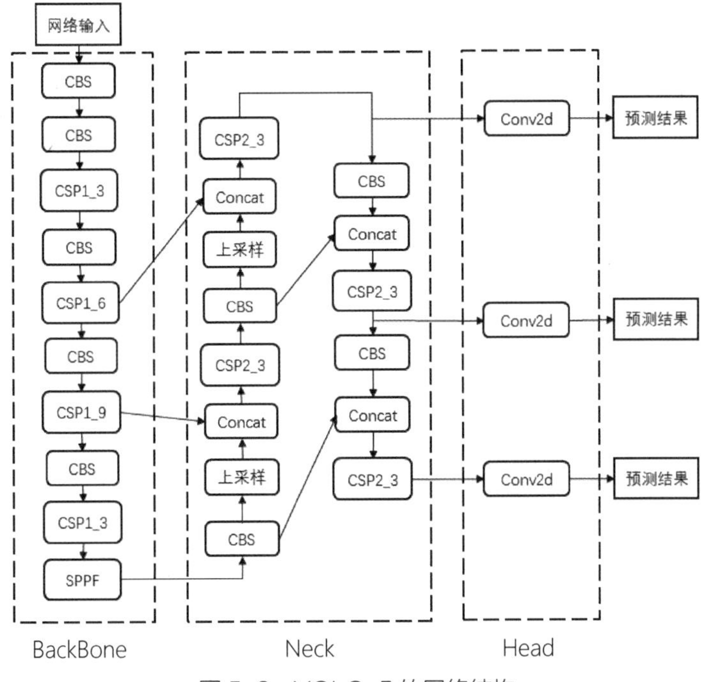

图 5-3　YOLOv5 的网络结构

YOLOv5 网络中的各模块结构如图 5-4 所示。

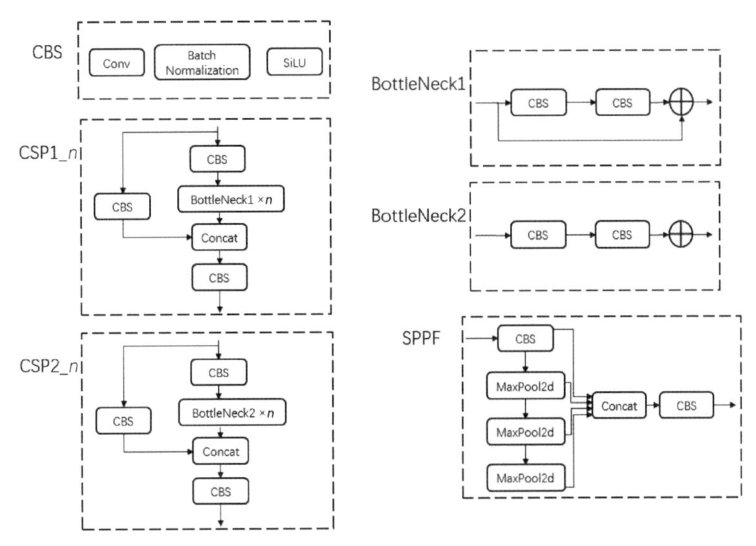

图 5-4　YOLOv5 网络中的各模块结构

CBS 模块为自定义卷积层，由卷积（Convolution）块、批量归一化（Batch Normalization，BN）和 SiLU（Sigmoid Weighted Liner Unit）激活函数模块构成。将内容先进行一次卷积，再对其进行一个正态分布 BN 变换，最后使用非线性 SiLU 进行激活，使用 SiLU 可以提高深层模型的训练效果。

CSP1_*n* 模块由 CBS 模块、BottleNeck1×*n* 和 Concat 按照如图 5-4 所示的连接方式构成，其中，*n* 为网络中 BottleNeck1 模块出现的次数。CSP 结构先将原输入分成两个分支，分别进行卷积操作，使通道数量减半，再对其中一个分支进行 BottleNeck1×*n* 操作，最后对两个分支进行 Concat 操作，这样可以让模型学习到更多的特征。CSP 包括 CSP1_*n* 和 CSP2_*n* 两种结构，其中，CSP1_*n* 结构中的 BottleNeck1 是残差结构，而 CSP2_*n* 结构中的 BottleNeck2 不是残差结构。前者可以应用于 YOLOv5 网络结构总体的 BackBone 部分，因为 YOLOv5 网络层数较深，增加残差结构可以增加层与层之间的梯度值，防止梯度消失，这样既可以解决网络退化的问题，又可以提取更细粒度的特征。

BottleNeck1 模块由两个 CBS 模块与一个残差结构构成，BottleNeck1 模块的输入先经过两次卷积，再与原输入相加，最后输出。BottleNeck2 模块与 BottleNeck1 模块的不同之处是 BottleNeck2 模块没有残差结构。

SPPF 为空间金字塔池化模块，可以将前面任意大小的特征图转换为特定大小的特征向量。YOLOv5 中的 Neck 部分采用两个路径聚合网络（Path Aggregation Network，PAN）结构和一个特征金字塔（Features Pyramid Network，FPN）结构来构成一个特征金字塔。首先将预处理的图像送进预训练的网络；然后对各层复制，并对复制得到的层进行上采样操作，用 1×1 卷积对上采样后的结果进行降维处理，将两者对应的元素相加，以此类推；最后对 FPN 层分别进行 3×3 卷积操作，得到最终的预测。FPN 层可以自顶向下传达强语义特征，PAN 层可以自底向上传达强定位特征，两者结合后可以从不同的主干层对不同的检测层进行参数聚合，进一步提高了特征提取能力。

Head 部分可以对结果进行预测，绘制边缘框，并计算交并比损失（IoU loss）、完全交并比损失（CIoU loss）来更新误差损失函数，使用非极大值抑制（Non-Maximum Suppression，NMS）来提高查全率。

为了实现利用 YOLOv5 进行鸟类目标检测，需要下载 YOLOv5 项目文件。用户可以通过 YOLOv5 官方网站下载 YOLOv5 项目文件。YOLOv5 官方网站中也有 YOLOv5 的效果展示、使用说明与创新应用等。本项目将从环境搭建、数据集构建、模型训练与模型部署等方面详细介绍如何使用 YOLOv5 实现鸟类目标检测。

2. 配置 PyTorch 环境及 YOLOv5 依赖环境

（1）PyTorch 安装。

PyTorch 是一个开源的 Python 机器学习库。2017 年 1 月，Facebook 人工智能研究院基于 Torch 推出了 PyTorch，提供了以下两个高级功能。

- 具有强大的图形处理单元加速的张量计算（如 NumPy）。
- 包含自动求导系统的深度神经网络。

为了实现本项目的内容，需要在环境中安装 PyTorch 机器学习库。为了防止安装内容与环境中的其他包产生冲突，产生各种各样意想不到的错误，推荐在 Anaconda 虚拟环境下安装和配置 PyTorch 机器学习库。

① 打开命令提示符窗口，激活 Anaconda 虚拟环境，之后的所有操作都在 Anaconda 虚拟环境中运行。

② 进入 PyTorch 官方网站，该网站中提供了安装各个版本 PyTorch 的命令，需要根据自己计算机的显卡型号来选择安装 PyTorch 的版本。本书以 PyTorch 为例进行安装，官方提供的安装命令如下：

```
# CUDA 10.2
conda install pytorch==1.8.0 torchvision==0.9.0 torchaudio==0.8.0
cudatoolkit=10.2 -c pytorch

# CUDA 11.1
conda install pytorch==1.8.0 torchvision==0.9.0 torchaudio==0.8.0
cudatoolkit=11.1 -c pytorch -c conda-forge

# CPU Only
conda install pytorch==1.8.0 torchvision==0.9.0 torchaudio==0.8.0
cpuonly -c pytorch
```

其中，CUDA 版本需要和计算机的 GPU 对应。一般来说，如果计算机的显卡品牌为 NVIDIA，并且显卡为 RTX3060 及之后的型号，则安装 CUDA 11.1 版本；如果显卡为 RTX3060 之前的型号，则安装 CUDA 10.2 版本；如果显卡为 AMD，或者不具有 GPU，则安装 CPU Only 版本。

③ 选择适合自己设备的命令，按“Ctrl+Shift+V”组合键将该命令粘贴到命令提示符窗口中，按“Enter”键进行安装。

④ 安装完成后，在当前环境下输入并运行如下命令：

```
conda list
```

观察当前环境中是否含有对应版本的 PyTorch 和 CUDA，如果有，则说明 PyTorch 安装成功。

（2）安装 YOLOv5。

① YOLOv5 是开源项目，而读者可以直接在 YOLOv5 官方网站下载项目压缩包，并解压缩到计算机上。

② 打开命令行终端，进入安装好 PyTorch 的环境，之后的命令全部在该环境中运行。

③ 使用 YOLOv5 要求环境中的软件包版本满足 YOLOv5 项目文件中 requirements 对应的要求，在命令提示符窗口中转到 YOLOv5 文件夹的根目录（与 requirements.txt 同级目录），并运行如下命令，即可安装 requirements 对应版本的软件包。

```
pip install -r requirements.txt
```

④ 上述操作完成后，运行 YOLOv5 的基本环境就已经搭建完成，此时可以运行 YOLOv5。

3. 模型训练

（1）模型训练实践。

下面介绍模型训练部分。

① 将划分好的数据集放入 YOLOv5 项目路径下，并创建一个数据集路径配置文件，这里将其命名为“data_dir.yaml”，将路径指向存放数据集的位置。

② 在 data_dir.yaml 中写入如下内容：

```
train: 训练集路径
val: 验证集路径
nc: 类别数量
names: ['类别名称']
```

③ 调整 YOLOv5 网络参数。YOLOv5 网络参数配置文件在 YOLOv5 项目的 models 文件夹中，有 yolov5n.yaml、yolov5s.yaml、yolov5m.yaml、yolov5l.yaml、yolov5x.yaml 这 5 个文件，分别对应 5 种不同的网络结构。以 yolov5m.yaml 文件为例，其内容如下：

```
# Parameters
nc: 1  # number of classes
depth_multiple: 0.67  # model depth multiple
width_multiple: 0.75  # layer channel multiple
anchors:
  - [10,13, 16,30, 33,23]  # P3/8
  - [30,61, 62,45, 59,119]  # P4/16
  - [116,90, 156,198, 373,326]  # P5/32

# YOLOv5 v6.0 backbone
backbone:
  # [from, number, module, args]
  [[-1, 1, Conv, [64, 6, 2, 2]],  # 0-P1/2
   [-1, 1, Conv, [128, 3, 2]],  # 1-P2/4
   [-1, 3, C3, [128]],
   [-1, 1, Conv, [256, 3, 2]],  # 3-P3/8
   [-1, 6, C3, [256]],
   [-1, 1, Conv, [512, 3, 2]],  # 5-P4/16
   [-1, 9, C3, [512]],
   [-1, 1, Conv, [1024, 3, 2]],  # 7-P5/32
   [-1, 3, C3, [1024]],
   [-1, 1, SPPF, [1024, 5]],  # 9
  ]

# YOLOv5 v6.0 head
head:
  [[-1, 1, Conv, [512, 1, 1]],
   [-1, 1, nn.Upsample, [None, 2, 'nearest']],
   [[-1, 6], 1, Concat, [1]],  # cat backbone P4
   [-1, 3, C3, [512, False]],  # 13

   [-1, 1, Conv, [256, 1, 1]],
   [-1, 1, nn.Upsample, [None, 2, 'nearest']],
   [[-1, 4], 1, Concat, [1]],  # cat backbone P3
```

```
  [-1, 3, C3, [256, False]],  # 17 (P3/8-small)

  [-1, 1, Conv, [256, 3, 2]],
  [[-1, 14], 1, Concat, [1]],  # cat head P4
  [-1, 3, C3, [512, False]],  # 20 (P4/16-medium)

  [-1, 1, Conv, [512, 3, 2]],
  [[-1, 10], 1, Concat, [1]],  # cat head P5
  [-1, 3, C3, [1024, False]],  # 23 (P5/32-large)

  [[17, 20, 23], 1, Detect, [nc, anchors]],  # Detect(P3, P4, P5)
 ]
```

其中，nc表示分类数量，anchors表示预设的锚框尺寸，backbone和head分别表示YOLOv5网络中BackBone部分和Head部分的模块组合参数。yolov5n.yaml、yolov5s.yaml、yolov5m.yaml、yolov5l.yaml、yolov5x.yaml这5个文件中主要不同的是depth_multiple和width_mutiple参数，它们分别用于控制网络的深度和宽度，即BottleNeckCSP的数量和卷积核的数量。其中，yolov5n.yaml对应的网络的深度最浅、参数规模最小、检测精度最低、速度最快；而yolov5x.yaml对应的网络的参数规模最大，训练和检测速度较慢，但精度最高，能够提取图像更细粒度的特征，尤其适合对小目标对象进行检测。不同类型的YOLOv5网络性能参数如图5-5所示。读者可以根据自己的预期训练目标对网络进行选择和调整。

Model	size (pixels)	mAP^val 50-95	mAP^val 50	Speed CPU b1 (ms)	Speed V100 b1 (ms)	Speed V100 b32 (ms)	params (M)	FLOPs @640 (B)
YOLOv5n	640	28.0	45.7	**45**	**6.3**	**0.6**	**1.9**	**4.5**
YOLOv5s	640	37.4	56.8	98	6.4	0.9	7.2	16.5
YOLOv5m	640	45.4	64.1	224	8.2	1.7	21.2	49.0
YOLOv5l	640	49.0	67.3	430	10.1	2.7	46.5	109.1
YOLOv5x	640	50.7	68.9	766	12.1	4.8	86.7	205.7

图5-5　不同类型的YOLOv5网络性能参数

④ 使用YOLOv5进行训练还需要为网络设置一个预训练权重，具体来说，使用哪种YOLOv5网络就使用该网络对应的预训练权重。预训练权重文件可以从YOLOv5官方网站中下载一个以.pt为后缀的模型文件。下载完成后，将该模型文件放在YOLOv5项目的pretrained文件夹中，就可以进行模型训练了。

⑤ YOLOv5项目中提供了用于模型训练的脚本train.py，而用户可以直接使用该脚本，利用数据集进行模型训练。

调出命令行，转到YOLOv5项目中，输入如下命令：

```
python train.py --data 数据集路径配置文件路径(如data_dir.yaml) --cfg 网络参数配置文件路径(如yolov5m.yaml) --weights 预训练模型文件路径(pretrained/yolov5m.pt) --epoch 训练世代数 --batch-size 训练批大小
```

当一个完整的数据集通过了神经网络一次并且返回了一次，这个过程被称为一个

epoch。在经过一个 epoch 后，神经网络的权重会更新一次，但这是远远不够的。随着 epoch 的数量增加，神经网络中权重的更新次数也会增加，曲线从欠拟合变成过拟合。但是，不能确定 epoch 的取值为多少时才是最佳的，因为 epoch 的取值与数据集的多样性有关。

限于数据量和目前设备的训练能力，不可能将所有数据一次性地全部送到神经网络中进行训练。在数据不能一次性通过神经网络时，就需要将数据集分成多个批（batch），一个 batch 中的样本总数就是 batch-size。

下面使用 YOLOv5m 网络进行训练，将训练世代数设置为 100 次，将训练 batch-size 设置为 2，输入如下命令：

```
python train.py --data data_dir.yaml --cfg yolov5m.yaml --weights pretrained/yolov5m.pt --epoch 100 --batch-size 2
```

⑥ 训练结束后，结果会保存在 runs/train/文件夹中，共生成两个权重模型文件，一个是检测结果表现最好的 best.pt 模型文件，另一个是最后一次训练得到的 last.pt 模型文件，它们都是进行目标检测时所需要的权重模型文件。除了训练好的模型文件，模型的指标与训练的可视化内容也会保存在以.exp 为后缀的文件中，如混淆矩阵、P 曲线、R 曲线、F1 曲线等。下面对这些内容进行介绍。

（2）评价指标介绍。

① 混淆矩阵（Confusion_Matrix）是一种用于评价分类模型性能的标准模型。图 5-6 所示为混淆矩阵形式和混淆矩阵。其中，图 5-6（a）中的 P（Positive）表示预测样本为真，N（Negative）表示预测样本为假，T（True）表示预测正确，F（False）表示预测错误。具体说明如下。

真正例（True Positive，TP）：模型正确地预测正例的数量。

假正例（False Positive，FP）：模型错误地将负例预测为正例的数量。

真负例（True Negative，TN）：模型正确地预测负例的数量。

假负例（False Negative，FN）：模型错误地将正例预测为负例的数量。

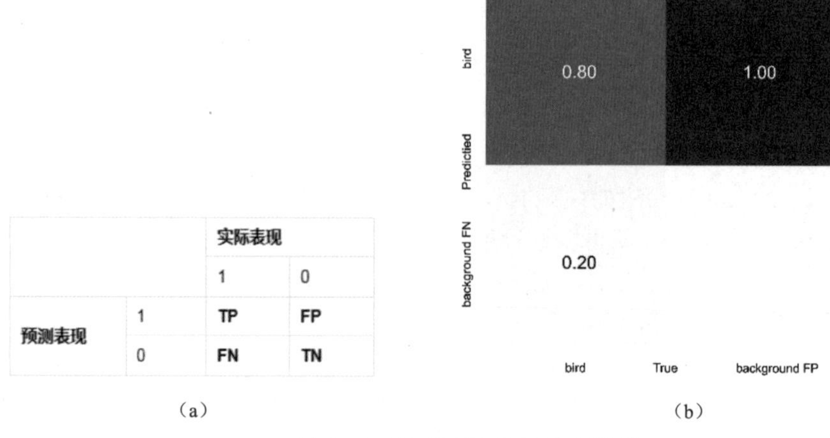

		实际表现	
		1	0
预测表现	1	TP	FP
	0	FN	TN

（a）　　　　（b）

图 5-6　混淆矩阵形式和混淆矩阵

如果分类目标有两类，则混淆矩阵将会如何变化？

② 如图 5-7 所示，P（Precision）曲线为精度曲线，P 表示在预测任务中，所有被预测为正样本的样本实际也为正样本比例，其计算公式如下：

$$P = \frac{\mathrm{TP}}{\mathrm{TP} + \mathrm{FP}} \tag{5-1}$$

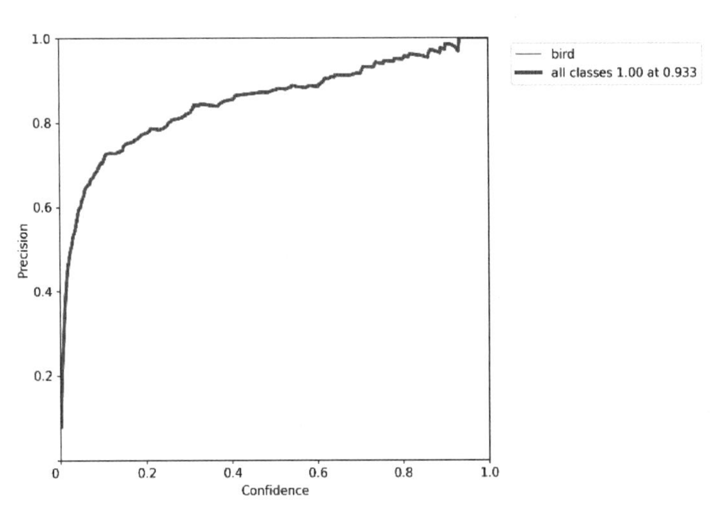

图 5-7　P 曲线

③ 如图 5-8 所示，R（Recall）曲线为召回率曲线，R 表示预测的目标占全部目标的百分比，即查全率（找到了多少），其计算公式如下：

$$R = \frac{\mathrm{TP}}{\mathrm{TP} + \mathrm{FN}} \tag{5-2}$$

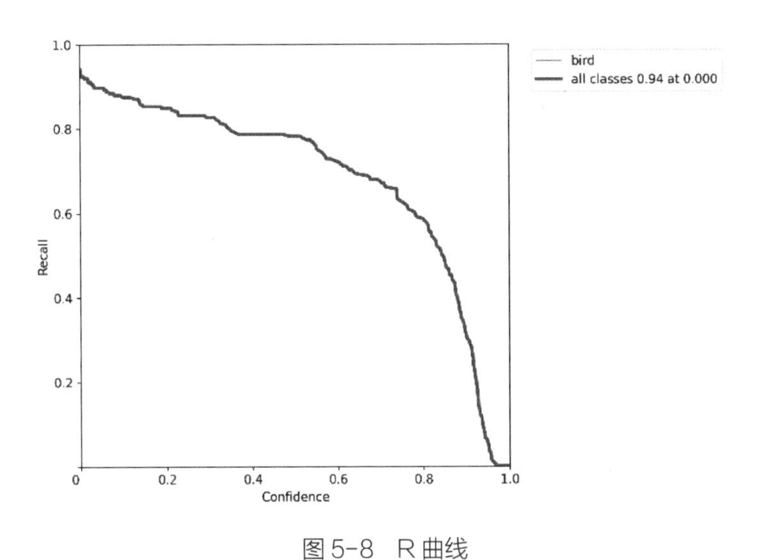

图 5-8　R 曲线

④ 如图 5-9 所示，F1 曲线中的 F 即 F-Measure，F 在数值上等于 P 与 R 的调和平均值，其计算公式如下：

$$F = \frac{1}{\lambda P + (1-\lambda)R} \tag{5-3}$$

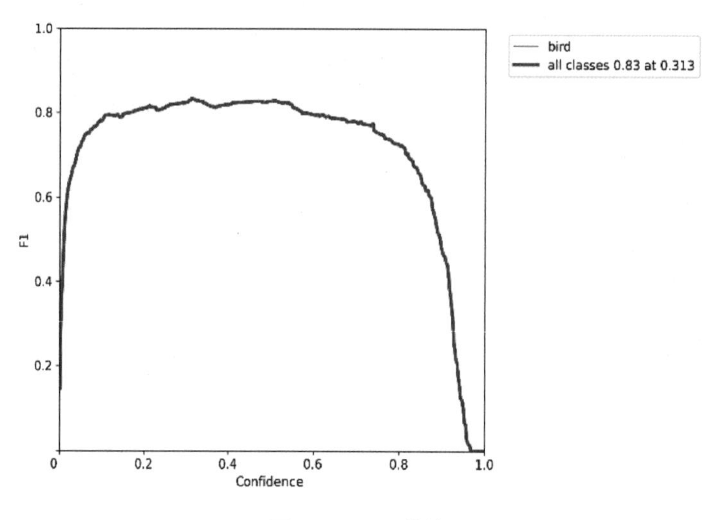

图 5-9　F1 曲线

当 λ=0.5 时，F 为 $F1$，上述公式可以简化为：

$$F1 = \frac{2 \times P \times R}{P + R} \tag{5-4}$$

⑤ 如图 5-10 所示，PR 曲线中的横坐标是 R 值，纵坐标是 P 值，曲线表示当召回率为 R 时，精度 P 的大小。随着 R 值的增大，变量被预测到的数量也会增加，即那些可能性较低的变量也逐渐被预测出来，则 P 值随着 R 值的增大而减小。PR 曲线图的线下面积越大，表示模型对该数据集的预测效果越好。

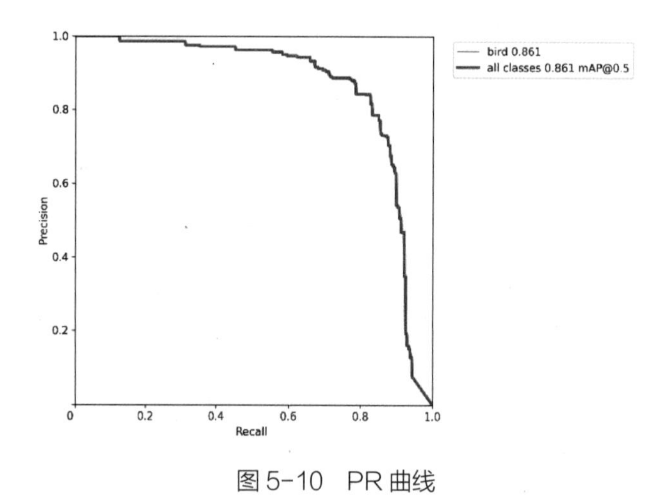

图 5-10　PR 曲线

⑥ 此外，训练结果中还有如图 5-11[①]所示的可视化训练结果，包含了训练集（train）

① 在编程过程中，输出的字符串如果存在空格，则一般使用下画线来避免歧义。所以，在书写过程中，空格与下画线不做区分。因此图 5-11 中的字符串使用下画线来表示空格。

和验证集（val）的损失函数的更新状况，如选框损失值 box loss、目标检测的损失均值 obj loss、类别损失值 cls loss，模型的精度 precision 和召回率 recall，以及模型的 mAP 值等。

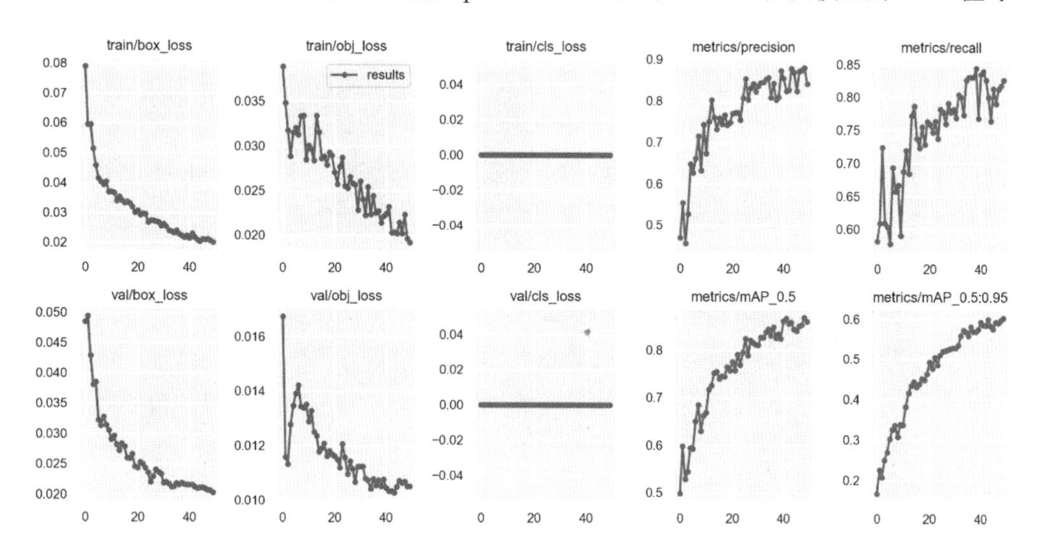

图 5-11　可视化的训练结果

其中，mAP 值为平均精度，也就是每个类别的 AP 值的平均数，AP 值即 PR 曲线图的线下面积。mAP 0.5 表示当交并比（IoU）为 0.5 时的 mAP 值；mAP 0.5:0.95 表示当 IoU 为 range(0.5:0.95:0.05)时的 mAP 值。

⑦ 可视化训练结果中的曲线形状在一定程度上反映了训练过程中存在的问题，用户可以根据曲线形状对模型进行调整，调整原则如下：

- 如果训练集损失值不断下降，验证集损失值也不断下降，则说明网络仍在学习。用户可以增加迭代次数。
- 如果训练集损失值不断下降，验证集损失值趋于不变，则说明网络过拟合。用户可以扩充训练数据，或者减少神经元的数量。
- 如果训练集损失值趋于不变，验证集损失值不断下降，则说明数据集肯定存在问题。用户应检查数据集。
- 如果训练集损失值趋于不变，验证集损失值趋于不变，则说明学习遇到瓶颈。用户需要减小学习率或批量数目。
- 如果训练集损失值不断上升，验证集损失值也不断上升，则说明数据集存在网络结构设计不当、训练超参数设置不当、数据集经过清洗等问题。
- 如果训练集损失值先下降再突然上升，则说明数据集可能存在标签错误。训练集损失值上升也可能是学习率过大。
- 如果训练集损失值下降，验证集损失值先下降一点再不断上升，则说明网络过拟合。

图 5-12 所示为验证集上的部分检测结果。

4. 目标检测实践

通过本项目任务 2 中的模型训练，可以得到一个训练好的目标检测模型。YOLOv5

支持多种数据源的推理测试，包含图像、目录、视频、网络摄像头、http 流等，并给出了推理测试的 detect.py 文件。下面介绍如何使用 detect.py 文件与刚才训练得到的权重模型进行目标检测。

图 5-12　验证集上的部分检测结果

① 打开命令提示符窗口，进入工作虚拟环境，并转到 detect.py 文件所在的目录。

② 输入如下命令：

```
python detect.py -source 图像/视频路径 -weight 训练模型
```

按“Enter”键，运行 detect.py 文件。

③ 最终可以得到如图 5-13 所示的检测结果。

图 5-13　检测结果

请读者尝试使用各种图像、视频数据来进行鸟类目标检测。先将 detect.py 文件中的函数内嵌到编写的脚本中，再将训练好的模型部署到实际运行环境中，就可以完成目标检测小程序。

项目6

综合实训

任务1

安装 PyQt5

任务描述

本任务主要介绍 PyQt5 及安装 PyQt5 的办法，为后续的设计图形用户界面奠定基础。

任务目标

（1）认识 PyQt5。
（2）掌握安装 PyQt5 的方法。

任务实施

1. 认识 PyQt5

Qt 是一个跨平台的应用程序开发框架，提供了丰富的库和工具，可用于开发跨平台的桌面应用程序、移动应用程序和嵌入式系统等，可以使用 C++、Python、Java 等多种编程语言进行开发。开发者通过 Qt 框架提供的一个统一的应用程序接口和一组跨平台的组件，可以使用同一段代码在不同平台上开发应用程序，从而降低了开发难度，减少了工作量。如图 6-1 所示为 Qt 图标。

图 6-1　Qt 图标

PyQt5 是 Python 中的一个 GUI 工具包，是基于 Python 的 Qt 框架的绑定工具。PyQt5 提供了 Python 访问 Qt 库的接口，开发者可以使用 Python 来创建跨平台的图形用户界面应用程序，轻松创建图形用户界面。PyQt5 可以用于创建各种类型的图形用户界面的应用程序，包括桌面应用程序、图形化配置界面、数据可视化应用程序等，是 Python 开发者进行图形用户界面应用程序开发的必备工具。由于本书中统一使用 Python，因此选择 PyQt5 进行图形用户界面的开发。

2. 安装 PyQt5

下面介绍几种安装 PyQt5 的方法。

（1）通过系统自带的命令提示符窗口来安装 PyQt5。

① 按“Win+R”组合键，打开“运行”对话框，在“打开”文本框中输入“cmd”命令，如图 6-2 所示。

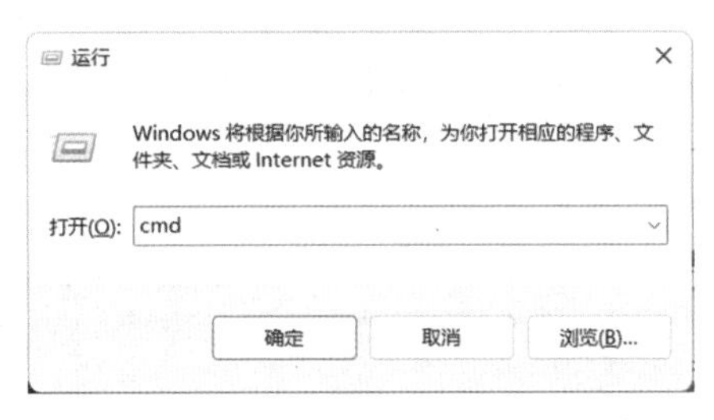

图 6-2　打开“运行”对话框（1）

或者在计算机屏幕下方的搜索栏中输入“运行”，单击“运行”按钮，如图 6-3 所示，同样可以打开“运行”对话框。

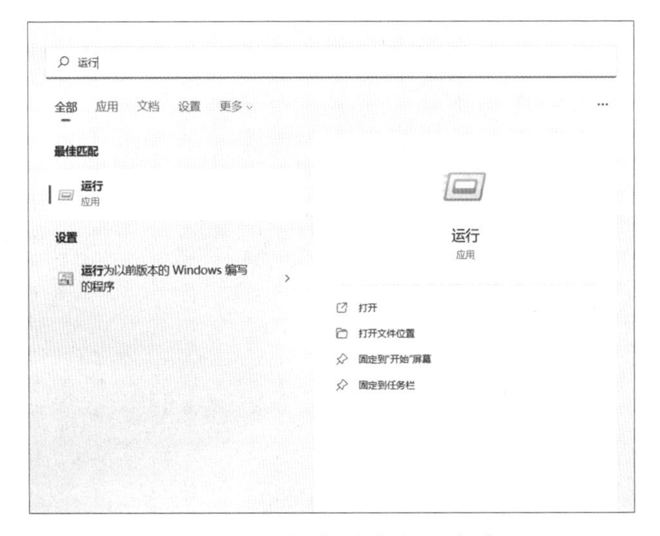

图 6-3　单击“运行”按钮（1）

② 单击“运行”对话框中的“确定”按钮，打开如图 6-4 所示的命令提示符窗口。

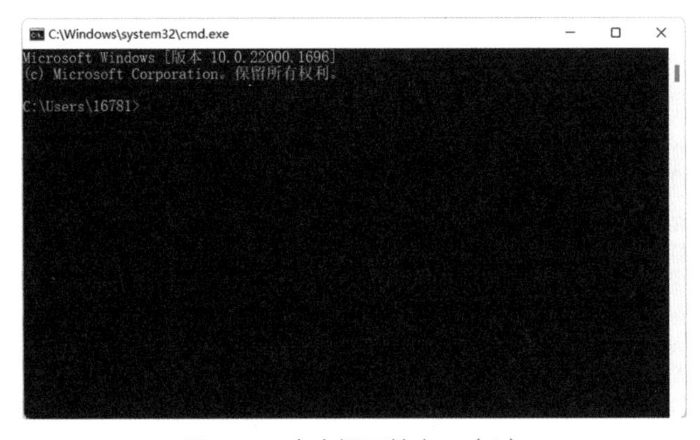

图 6-4　命令提示符窗口（1）

③ 输入“conda env list”命令，按“Enter”键，查看虚拟环境列表，如图 6-5 所示。

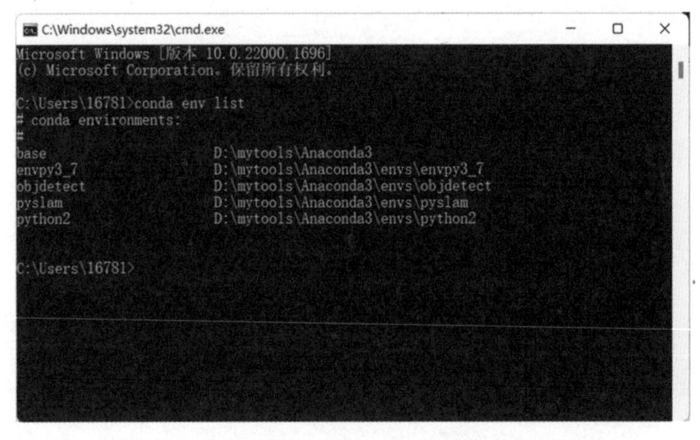

图 6-5　在命令提示符窗口中查看虚拟环境列表

④ 选择需要安装的虚拟环境并进行激活，输入“conda activate 环境名”命令，按“Enter”键，激活虚拟环境，如图 6-6 所示。如果路径前面出现环境名，则说明成功进入虚拟环境，这个虚拟环境就是用户所处的工作环境。

图 6-6　激活虚拟环境

⑤ 在工作环境下输入“pip install pyqt5”命令，按“Enter”键，即可安装 PyQt5。

（2）通过 Anaconda Prompt 终端安装 PyQt5。

① 在计算机屏幕下方的搜索栏中搜索 Anaconda Prompt 应用程序，单击“打开”按钮，如图 6-7 所示，即可进入 Anaconda Prompt 终端界面。

② 在 Anaconda Prompt 终端界面中输入“conda env list”命令，查看虚拟环境列表，如图 6-8 所示。带“*”符号后面的地址就是用户目前所处的环境。

③ 在 Anaconda Prompt 终端界面中继续输入“conda activate 环境名”命令，即可进入虚拟环境，可以看到进入虚拟环境后，命令名的开头会出现环境名，这个虚拟环境就是用户目前所处的工作环境，如图 6-9 所示。

图 6-7　单击“打开”按钮（1）

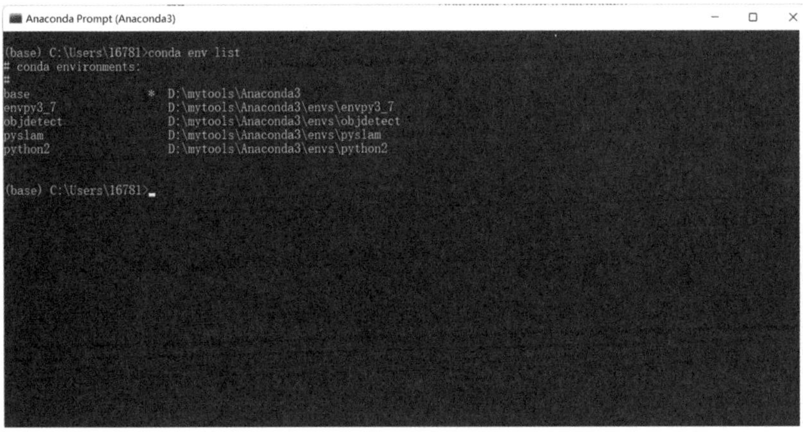

```
Anaconda Prompt (Anaconda3)
(base) C:\Users\16781>conda env list
# conda environments:
#
base                  *  D:\mytools\Anaconda3
envpy3_7                 D:\mytools\Anaconda3\envs\envpy3_7
objdetect                D:\mytools\Anaconda3\envs\objdetect
pyslam                   D:\mytools\Anaconda3\envs\pyslam
python2                  D:\mytools\Anaconda3\envs\python2

(base) C:\Users\16781>
```

图 6-8　在 Anaconda Prompt 终端界面中查看虚拟环境列表

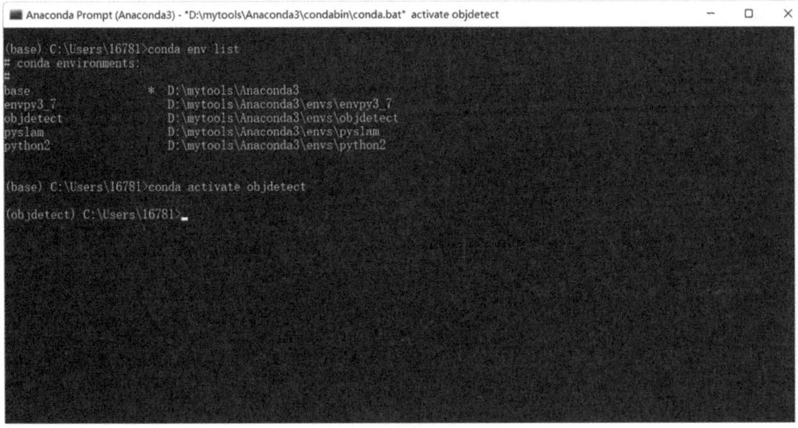

```
Anaconda Prompt (Anaconda3) - "D:\mytools\Anaconda3\condabin\conda.bat" activate objdetect
(base) C:\Users\16781>conda env list
# conda environments:
#
base                  *  D:\mytools\Anaconda3
envpy3_7                 D:\mytools\Anaconda3\envs\envpy3_7
objdetect                D:\mytools\Anaconda3\envs\objdetect
pyslam                   D:\mytools\Anaconda3\envs\pyslam
python2                  D:\mytools\Anaconda3\envs\python2

(base) C:\Users\16781>conda activate objdetect

(objdetect) C:\Users\16781>
```

图 6-9　进入虚拟环境（1）

④ 在工作环境中输入“pip install pyqt5”命令，即可安装 PyQt5。

（3）在 PyCharm 编辑器中安装 PyQt5。

① 双击 PyCharm Community Edition 图标，打开 PyCharm 编辑器，如图 6-10 所示。

图 6-10 打开 PyCharm 编辑器

② 单击 PyCharm 编辑器右下角的解释器按钮，在弹出的菜单中选择“解释器设置”选项，如图 6-11 所示。

图 6-11 选择“解释器设置”选项

③ 在“Python 解释器”下拉列表中选择带有工作环境名的解释器作为项目的解释器，如图 6-12 所示。

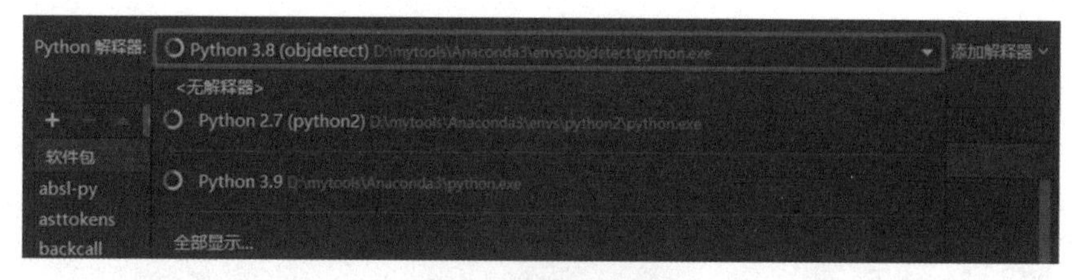

图 6-12 选择解释器

④ 单击+按钮，打开软件包安装界面，如图 6-13 所示。

图 6-13 打开软件包安装界面

⑤ 在搜索栏中搜索“pyqt5”，并选择目标软件包，如图 6-14 所示，单击左下角的“安装软件包”按钮即可。

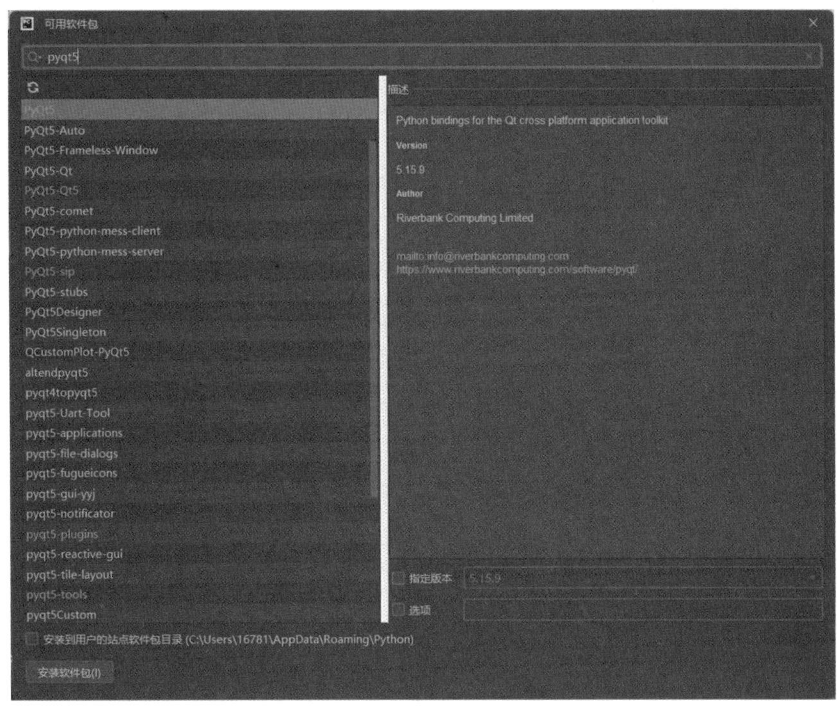

图 6-14　选择目标软件包

为了验证 PyQt5 是否安装成功，可以在项目解释器目录中查看解释器是否包含 PyQt5，如果包含，则说明安装成功，如图 6-15 所示。

软件包	版本	最新版本
numpy	1.22.4	
oauthlib	3.2.0	
opencv-python	4.6.0.66	
openssl	1.1.1o	
packaging	21.3	
pandas	1.4.2	
pefile	2023.2.7	
pillow	9.0.1	
pip	21.2.2	
protobuf	3.19.4	
pyasn1	0.4.8	
pyasn1-modules	0.2.8	
pycocotools-windows	2.0.0.2	
pyinstaller	5.8.0	
pyinstaller-hooks-contrib	2023.0	
pyparsing	3.0.9	
pyqt5	5.15.6	
pyqt5-qt5	5.15.2	
pyqt5-sip	12.10.1	
python	3.8.5	
python-dateutil	2.8.2	
python_abi	3.8	

确定　取消　应用(A)

图 6-15　查看解释器是否包含 PyQt5

至此，PyQt5 的安装步骤已经全部结束。实际上，在安装其他部件时，也可以参考上述步骤进行安装。

任务 2

设计一个图形用户界面

任务描述

想要实现一个对用户友好的目标检测应用程序，要从设计图形用户界面（Graphical User Interface，GUI）入手。

一般来说，图形用户界面是应用程序必不可少的部分，通过图形、图标、按钮、菜单等元素，让用户能够以直观的、可视化的方式与计算机进行交互，进而提供良好的用户体验。同时，由于本项目要进行图像处理，而图形用户界面可以展示图像、视频等多媒体内容，为了更好地满足应用需求，需要设计一个图形用户界面。

为了降低学习难度，避免手动编写 UI 文件带来的麻烦，用户可以使用 Qt 框架中自带的 Qt Designer 图形用户界面设计工具来进行图形用户界面设计，Qt Designer 界面如图 6-16 所示。Qt Designer 工具可以帮助开发者在可视化界面下设计和构建图形用户界面。

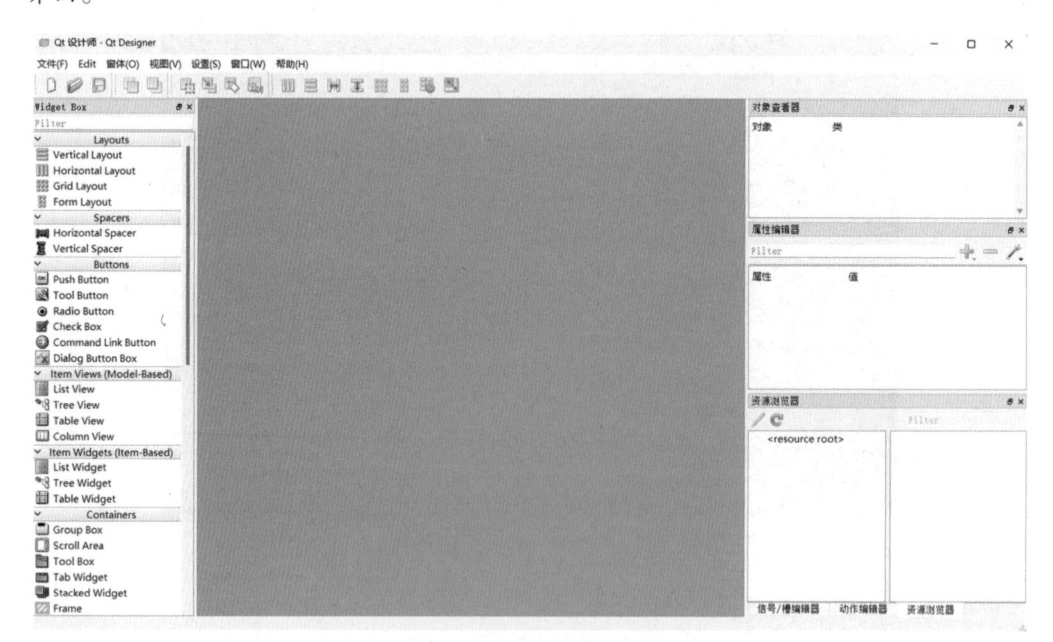

图 6-16　Qt Designer 界面

利用 Qt Designer 进行图形用户界面设计有以下几个优势。

- 提高开发效率：Qt Designer 提供了丰富的可视化组件和布局方式，可视化组件包括按钮、文本框、标签、列表框、菜单、工具栏等。开发者通过对这些组件进行拖曳和放置，可以快速构建一个可用的图形用户界面，无须手动编写代码，从而提高开发效率。
- 易于维护和修改：利用 Qt Designer 设计的图形用户界面可以随时通过可视化方式进行修改和调整，容易维护。开发者可以随时在 Qt Designer 中对图形用户界面进行修改，并且可以通过界面的预览功能来实时查看修改后的效果。
- 降低学习难度：Qt Designer 提供了友好的可视化操作界面和直观的拖曳、放置功能，因此开发者可以更快速地掌握图形用户界面设计技能，降低学习难度。
- 支持多种平台：Qt Designer 是跨平台的，可以在 Windows、Linux 和 macOS 等多种操作系统上运行，并且支持多种编程语言（C++、Python 等），因此可以满足开发者的不同需求。

本任务主要介绍安装 Qt Designer 工具，并将其部署到 PyCharm 编辑器的扩展插件中的方法，以及设计图形用户界面的方法。

任务目标

（1）掌握安装 Qt Designer，并将其部署到 PyCharm 编辑器的扩展插件中的方法。

（2）掌握设计一个图形用户界面的方法。

任务实施

1. 安装 Qt Designer

与 PyQt5 安装的步骤类似，这里通过两种方法来安装 Qt Designer。

（1）通过系统自带的命令提示符安装 Qt Designer。

① 按“Win+R”组合键，打开“运行”对话框，在“打开”文本框中输入“cmd”，如图 6-17 所示。

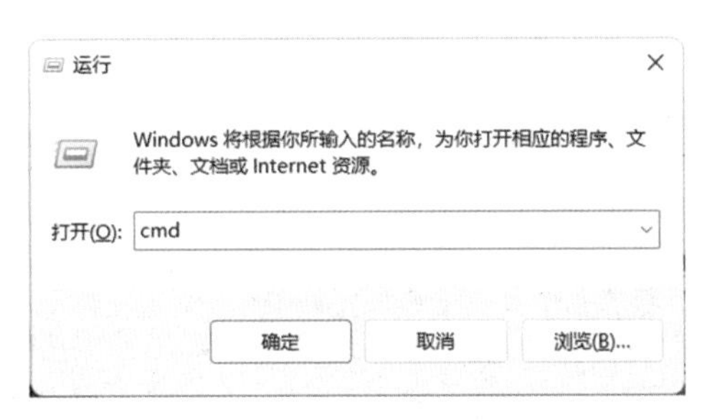

图 6-17　打开“运行”对话框（2）

或者在计算机屏幕下方的搜索栏中输入“运行”，单击“运行”按钮，同样可以打开“运行”对话框，如图 6-18 所示。

② 单击“运行”对话框中的“确定”按钮，打开如图 6-19 所示的命令提示符窗口。

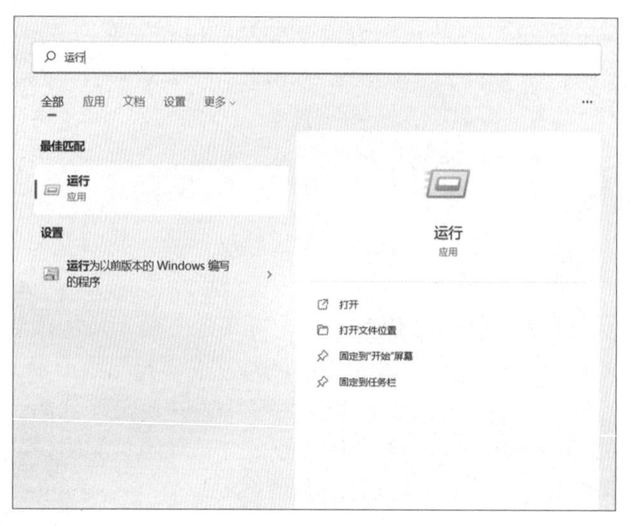

图 6-18　单击"运行"按钮（2）

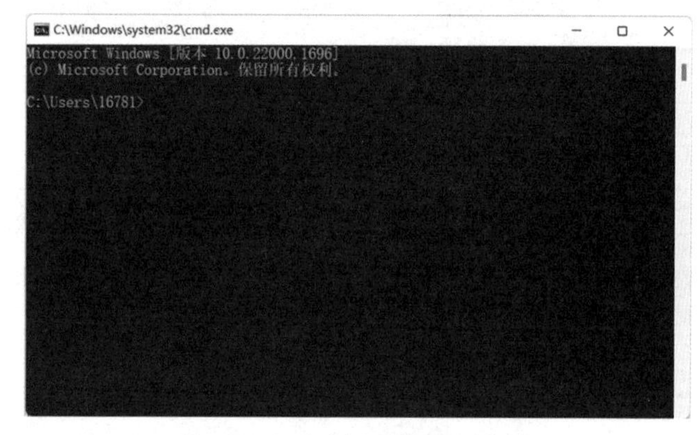

图 6-19　命令提示符窗口（2）

③ 直接输入"conda activate 环境名"命令，并按"Enter"键，激活需要安装 Qt Designer 的虚拟环境。如果路径前面出现环境名，则说明成功进入虚拟环境，如图 6-20 所示。

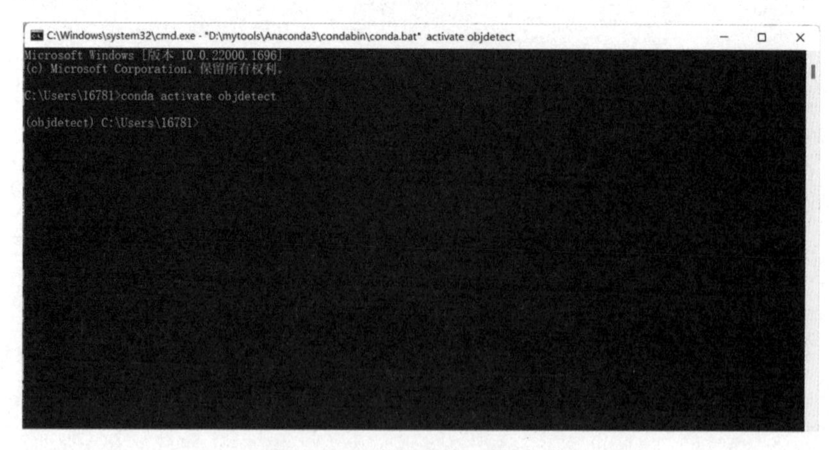

图 6-20　进入虚拟环境（2）

④ 在该命令提示符窗口中分别输入如下命令，并按“Enter”键，即可安装 PyQt5-tools 和 Qt Designer，这是因为 Qt Designer 是依赖于 PyQt5-tools 存在的。

```
# 安装PyQt5-tools
pip3 install PyQt5-tools
# 安装Qt Designer
pip3 install PyQt5designer
```

（2）通过 Anaconda Prompt 终端安装 Qt Designer。

① 在搜索栏中搜索 Anaconda Prompt 应用程序，单击“打开”按钮，如图 6-21 所示。即可进入 Anaconda Prompt 终端。

图 6-21　单击“打开”按钮（2）

③ 在 Anaconda Prompt 终端中继续输入“conda activate 环境名”命令，即可进入虚拟环境，如图 6-22 所示。可以看到在进入虚拟环境后，命令名的开头会出现环境名，这个虚拟环境就是用户所处的工作环境。

图 6-22　进入虚拟环境（3）

④ 在 Anaconda Prompt 终端中分别输入如下命令，并按“Enter”键，即可安装

PyQt5-tools 和 Qt Designer。

```
# 安装PyQt5-tools
pip3 install PyQt5-tools
# 安装Qt Designer
pip3 install PyQt5designer
```

这样 Qt Designer 就成功安装到工作环境中了。

2. 将 Qt Designer 部署到 PyCharm 编辑器的扩展插件中

为了在 PyCharm 中使用 Qt Designer，需要在 PyCharm 编辑器的扩展插件中添加 Qt Designer，以便在 PyCharm 编辑器中进行图形用户界面设计。

① 选择“文件”→“设置”命令，如图 6-23 所示，打开“设置”对话框，在该对话框的左侧列表框中单击“工具”下拉按钮，如图 6-24 所示。

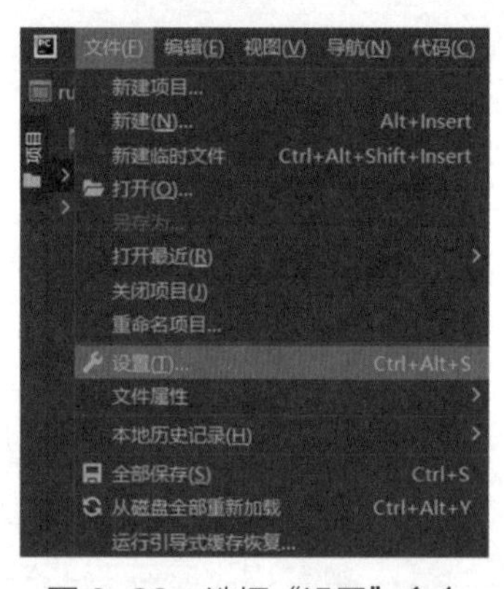

图 6-23 选择“设置”命令

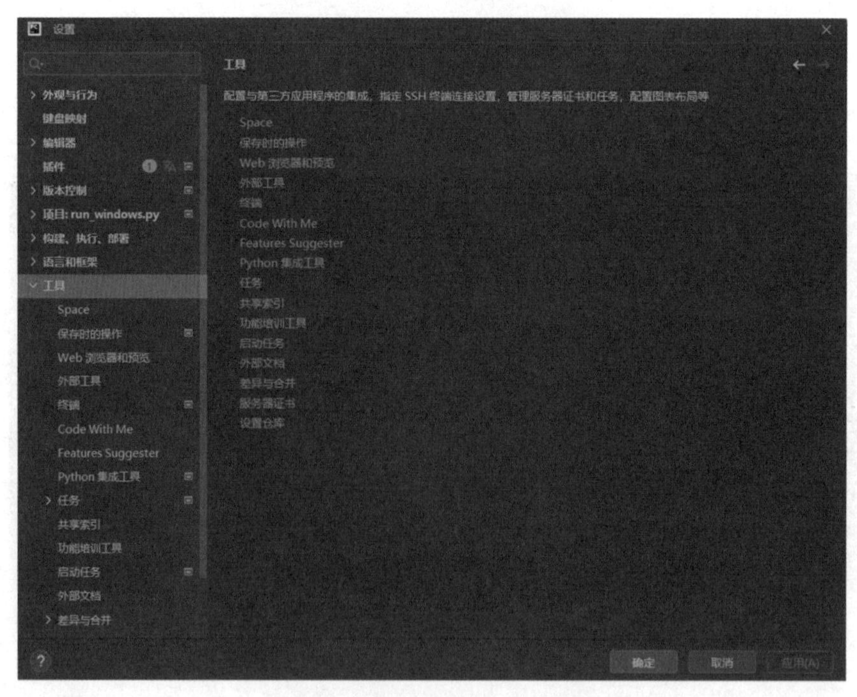

图 6-24 单击“工具”下拉按钮

② 在弹出的下拉列表中选择“外部工具”选项，单击 + 按钮，添加本地外部工具，如图 6-25 所示，最后单击“确定”按钮。

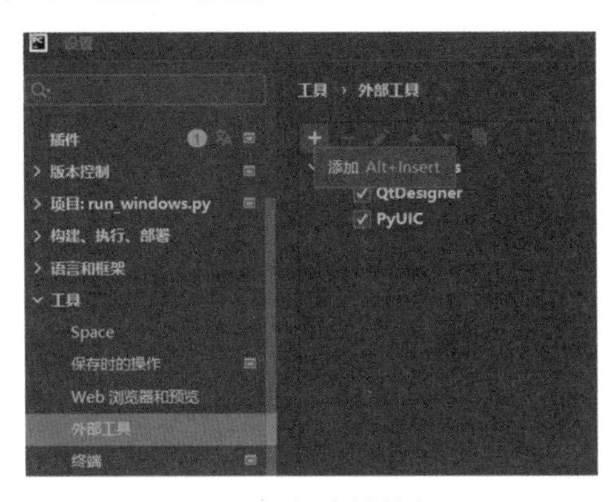

图 6-25　添加本地外部工具

③ 打开“创建工具”对话框，在“名称”文本框中添加所要创建的工具名称，并在“程序”文本框中输入 Qt Designer 的程序路径，以便在 PyCharm 编辑器的扩展插件中添加 Qt Designer，如图 6-26 所示。添加完 Qt Designer 的程序路径后，工作目录会自动补全。一般来说，如果将 Qt Designer 安装在 base 目录下，则其程序路径为 Anaconda3\Library\bin，名称为 designer.exe。如果将 Qt Designer 安装在某虚拟环境下，则其程序路径为 Anaconda3\envs\虚拟环境名\Lib\site-packages\pyqt5_tools \Qt\bin\designer.exe。

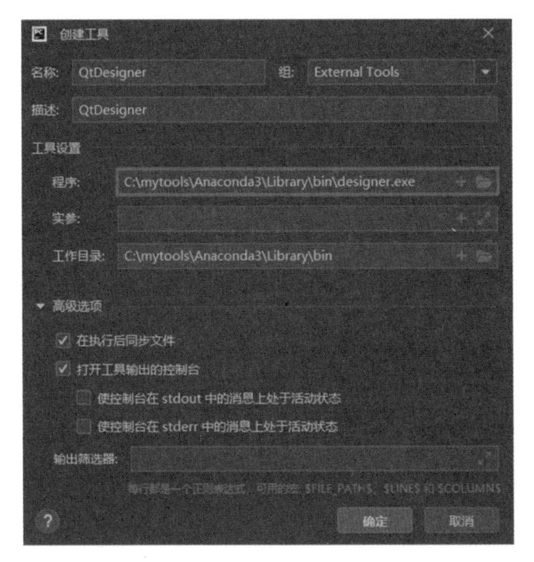

图 6-26　添加所要创建的工具名称与程序路径

④ 单击“确定”按钮，即可在外部工具栏添加 Qt Designer 工具。这样就完成了 Qt Designer 在 PyCharm 编辑器中的配置。

⑤ 这时返回 PyCharm 编辑器界面，选择“工具”→“External-Tools”→“Qt Designer”命令，如图 6-27 所示，即可打开 Qt Designer 界面。

图 6-27 选择“Qt Designer”命令

至此，就完成了 Qt Designer 的安装，并将其部署到 PyCharm 编辑器的扩展插件中。下面将开始图形用户界面的设计。

3. 使用 Qt Designer 设计图形用户界面

为了方便大家认识 Qt Designer，并学习使用 Qt Designer 设计图形用户界面，本任务首先介绍 Qt Designer 的组件和布局方式，然后介绍图形用户界面设计的整个过程与步骤。

（1）Qt Designer 组件。

在 Qt Designer 界面中，用户可以通过拖曳组件来添加元素，也可以通过单击窗口中的组件来改变其大小和名称，通过这些操作可以方便、快速地创建复杂的用户界面，实现用户想要的功能。

如图 6-28 所示，红色方框部分为 Qt Designer 的组件区，其中有各种可以拖曳的可视化组件。表 6-1 所示为常用组件的介绍，以便读者参考。

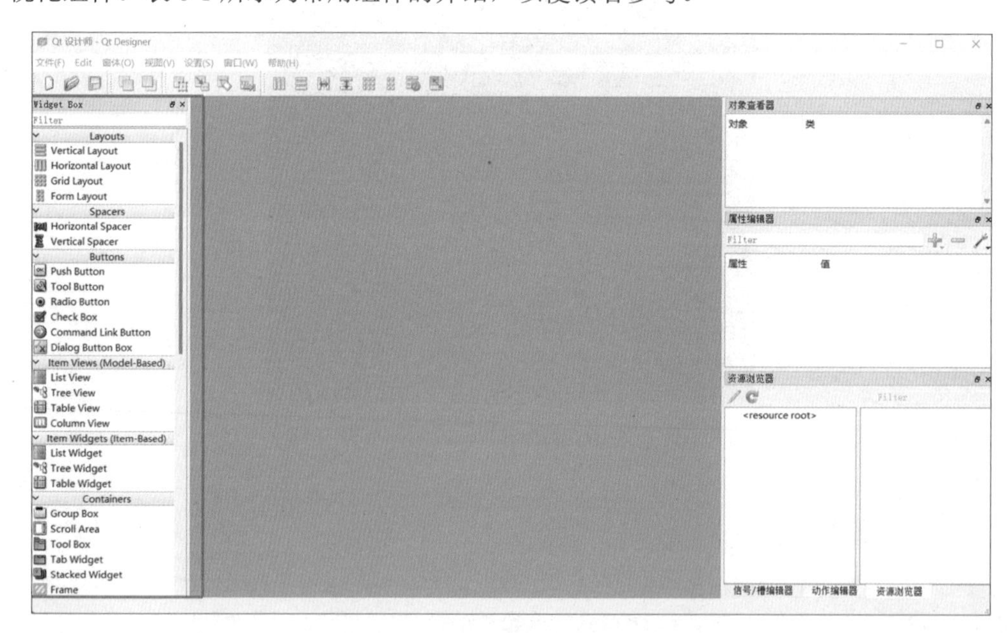

图 6-28 Qt Designer 的组件区

表 6-1　常用组件的介绍

组件名称	说明
QWidget	QWidget 是 Qt Designer 中所有可视化组件的基类，可以包含其他组件。在 Qt Designer 中，用户可以直接将其他组件拖曳到 QWidget 上，从而创建更复杂的图形用户界面
QPushButton	QPushButton 是一个常用的按钮组件。用户可以为其设置文本、图标、样式等属性，也可以设置响应单击事件的函数
QLabel	QLabel 是一个标签组件。用户可以为其设置显示的文本或图像，也可以为文本设置颜色、字体、对齐方式等属性
QLineEdit	QLineEdit 是一个单行文本输入框组件。用户可以在其中输入文本，也可以为其设置默认文本、输入限制、验证等属性
QTextEdit	QTextEdit 是一个多行文本输入框组件。用户可以在其中输入和编辑多行文本，也可以为其设置文本格式、字体、对齐方式等属性
QComboBox	QComboBox 是一个下拉框组件。用户可以在其中选择一个选项，也可以为其设置选项列表、默认选项、当前选项等属性
QCheckBox	QCheckBox 是一个复选框组件。用户可以在其中选择一个或多个选项，也可以为其设置选项文本、默认选项等属性
QRadioButton	QRadioButton 是一个单选按钮组件。用户可以在其中选择一个选项，也可以为其设置选项文本、默认选项等属性
QSpinBox	QSpinBox 是一个数字输入框组件。用户可以在其中输入数字，也可以为其设置默认值、取值范围、步长等属性
QSlider	QSlider 是一个滑动条组件。用户可以在其中拖曳滑块来改变数值，也可以为其设置取值范围、步长、默认值等属性

从创建一个简单的 PushButton 开始，首先选择“文件”→“新建”命令，打开“新建窗体-Qt Designer”对话框，在左侧列表框中选择“Widget”选项，如图 6-29 所示。

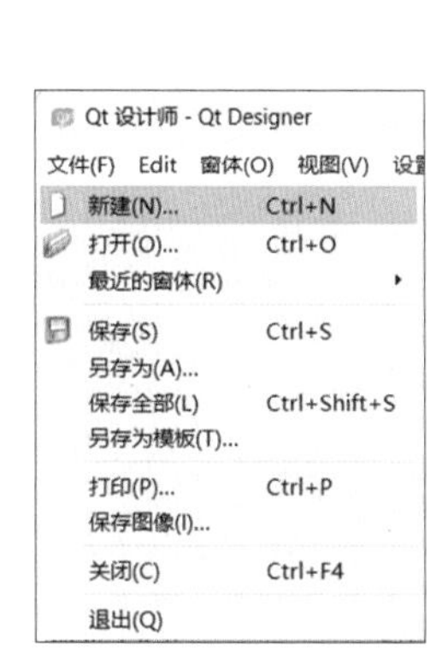

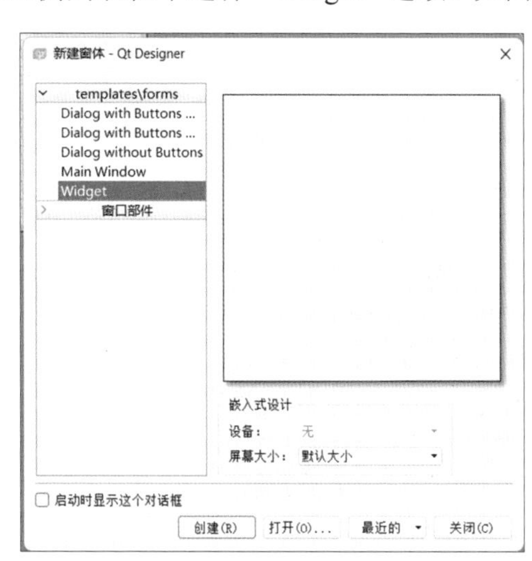

图 6-29　选择“Widget”选项

接着在工作区就会显示一个窗口部件，按住左侧“Buttons”区域中的“Push Button”按钮，并将其拖曳至“Form-untitled*”窗口中，即可创建一个按钮组件。这时在右侧的对象查看器中就可以看见刚才创建的对象。这里创建了一个 QWidget 类名为 Form 的对象和一个 QPushButton 类名为 pushButton 的对象，如图 6-30 所示，这就是人们常说的组件。

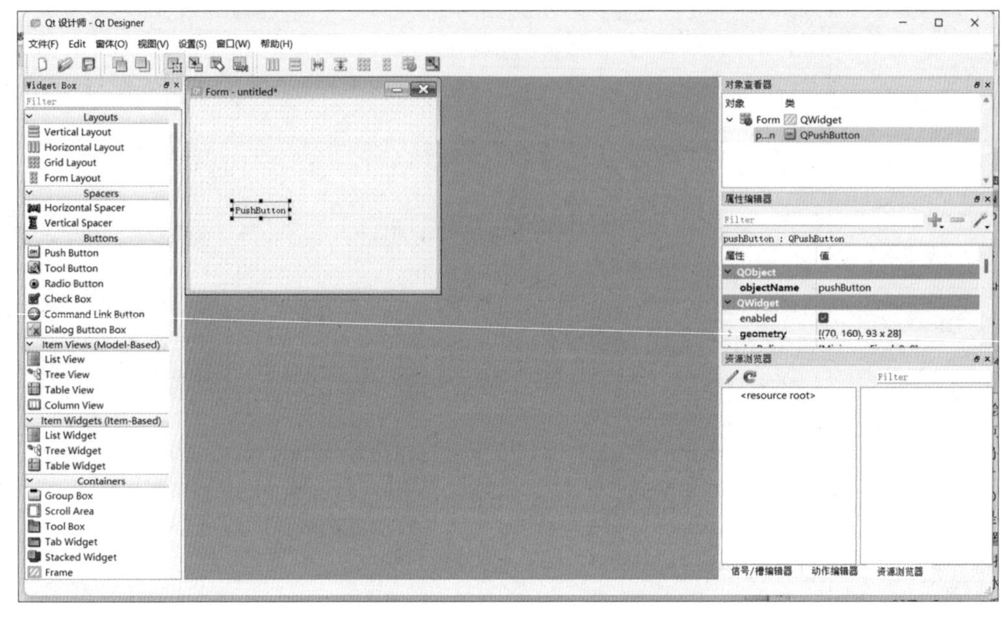

图 6-30　创建一个按钮组件

（2）Qt Designer 布局方式。

当创建图形用户界面时，需要对各个组件进行布局，以达到合适的显示效果。

布局是一种将组件自动排列的方式，可以确保组件在不同的窗口和分辨率下都能被适当地放置，并可以调整大小。在 Qt Designer 中，用户通过拖曳的方式来创建和调整 Layout。

常用的布局方式及其说明如下。

- Vertival Layout：垂直布局，将组件水平排列。
- Horizontal Layout：水平布局，将组件垂直排列。
- Grid Layout：网格布局，将组件按照行/列排列。
- Form Layout：表单布局，将组件按照标签-输入框的形式排列。

在使用 Qt Designer 布局时，可以将组件拖曳至布局中，通过在属性面板中调整各个组件的属性来设置它们在布局中的位置和大小；还可以使用布局中的“添加空间”与“添加布局”等功能来添加新的组件或布局。

需要注意的是，不同的布局会对组件进行不同的自动调整，有些布局可能会调整组件的大小和位置，而有些布局则不会。在选择布局时，需要根据自己的需求和 UI 界面的设计来选择最合适的布局方式。

在 Qt Designer 中，用户可以通过预览模式来查看图形用户界面在不同分辨率下的效果，从而进一步优化布局和组件的排列。

接着上一个实例中的操作步骤，按住左侧“Layouts”区域中的“Vertical Layout”（垂直布局）按钮，并将其拖曳至“Form-untitled*”窗口中，这时在“Form-untitled*”

窗口中就会显示一个“Vertical Layout”的红色方框，放置在该红色方框内的组件将按照垂直布局排列，创建的垂直布局如图 6-31 所示。

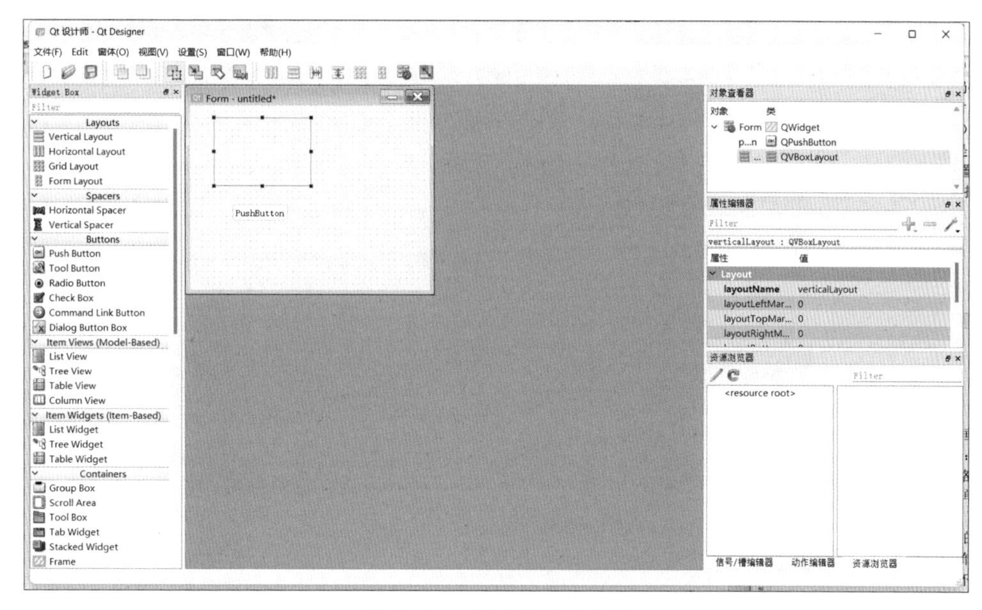

图 6-31　创建的垂直布局

在“Form-untitled*”窗口中再添加 2 个“Push Button”按钮，并将这 3 个“Push Button”按钮拖曳至“Vertical Layout”的红色方框内，这些按钮就会按照垂直布局排列，如图 6-32 所示。

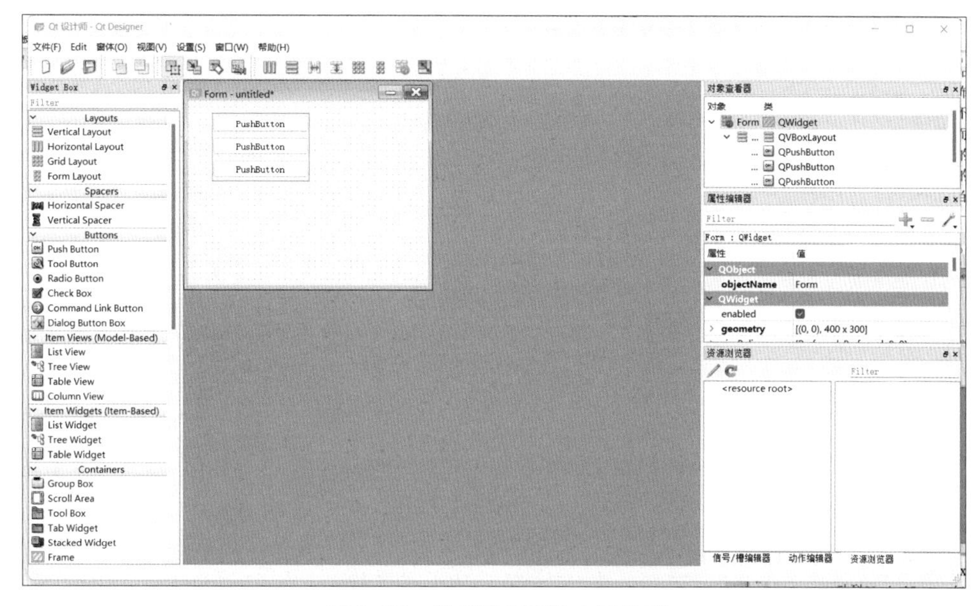

图 6-32　按钮按照垂直布局排列

将“Vertical Layout”的红色方框内的组件拖曳出红色方框，即可取消该组件的布局，如图 6-33 所示。

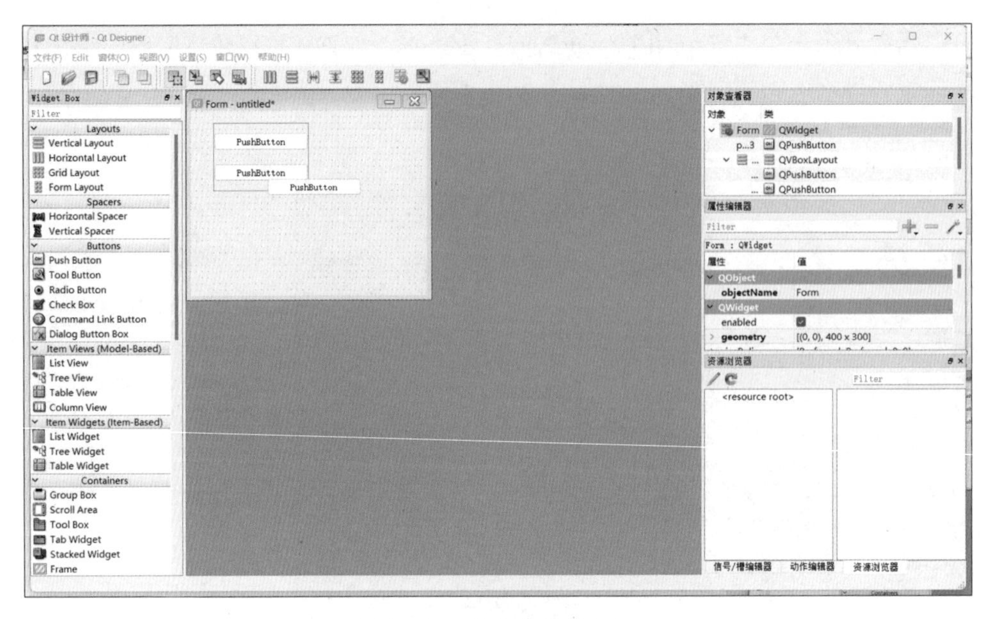

图 6-33　取消组件的布局

选中“Vertical Layout”的红色方框，按“Delete”键，即可删除该布局及布局方框内的所有组件。

（3）目标检测应用程序用户界面设计。

选择“文件”→“新建”命令，创建一个“MainWindow-untitled”窗口，如图 6-34 所示。

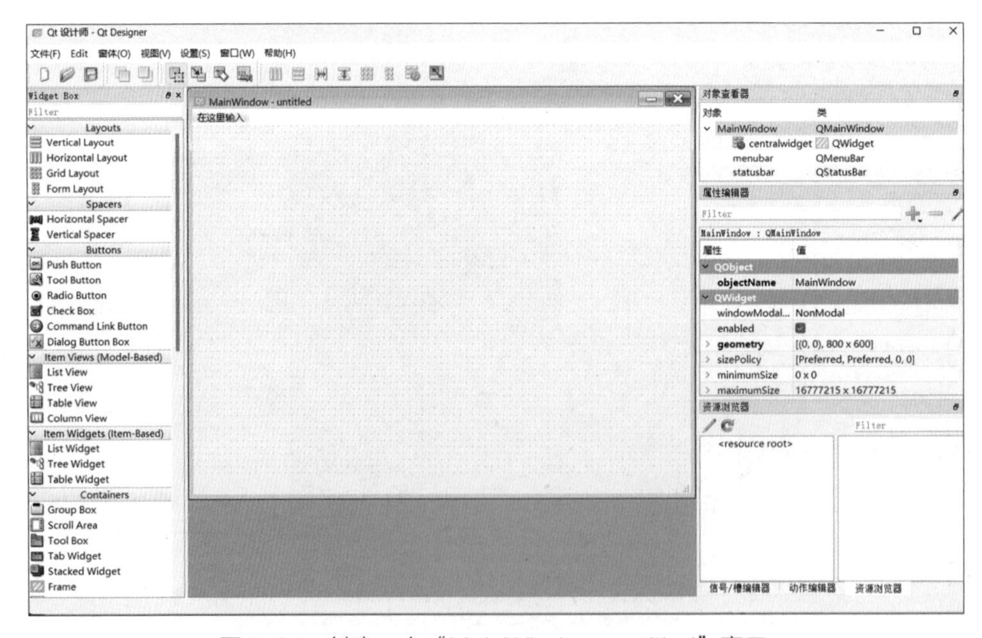

图 6-34　创建一个“MainWindow-untitled”窗口

为了让创建目标检测应用程序的可视化界面的过程更加简单，这里只使用两个“Label”组件和两个“Push Button”按钮来实现整个目标检测动作。其中，一个“Label”

组件用来放置检测前的图片，另一个“Label”组件用来放置检测后的图片；一个“Push Button”按钮用来实现上传图片的动作，另一个“Push Butten”按钮用来实现开始检测的动作，将需要的组件拖曳至“MainWindow-untitled”窗口中，就可以创建一个简单的图形用户界面，如图 6-35 所示。

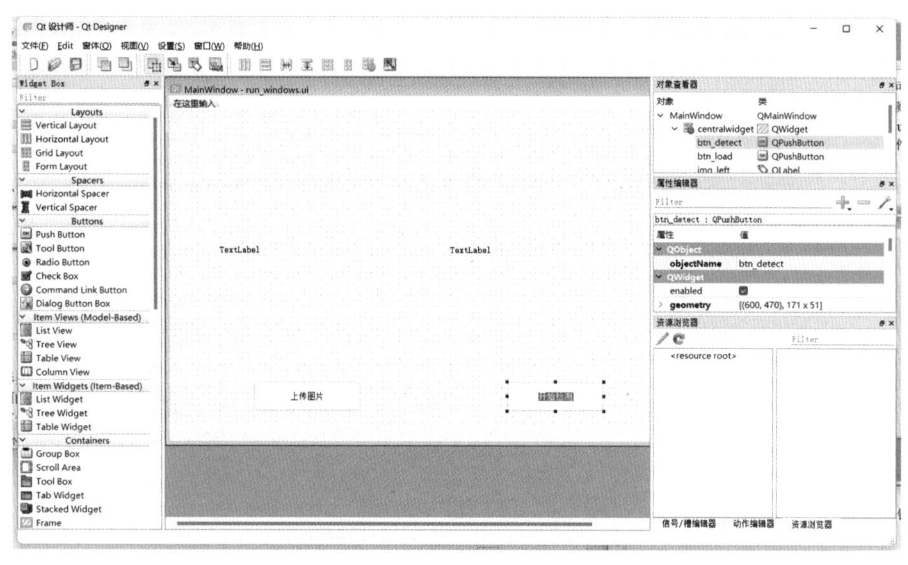

图 6-35　创建图形用户界面

双击“Push Button”按钮即可更改按钮的显示名称，这里将两个按钮的显示名称分别修改为“上传图片”和“开始检测”。

为了方便用户编写程序，还需要在对象编辑器中修改各个组件的名称，以便对应组件的功能。双击对象查看器中的组件名称，即可对组件名称进行修改，如图 6-36 所示。而且当选中组件名称时，工作窗口中的组件会被蓝色方框标记，以便用户对应组件和对象名称。

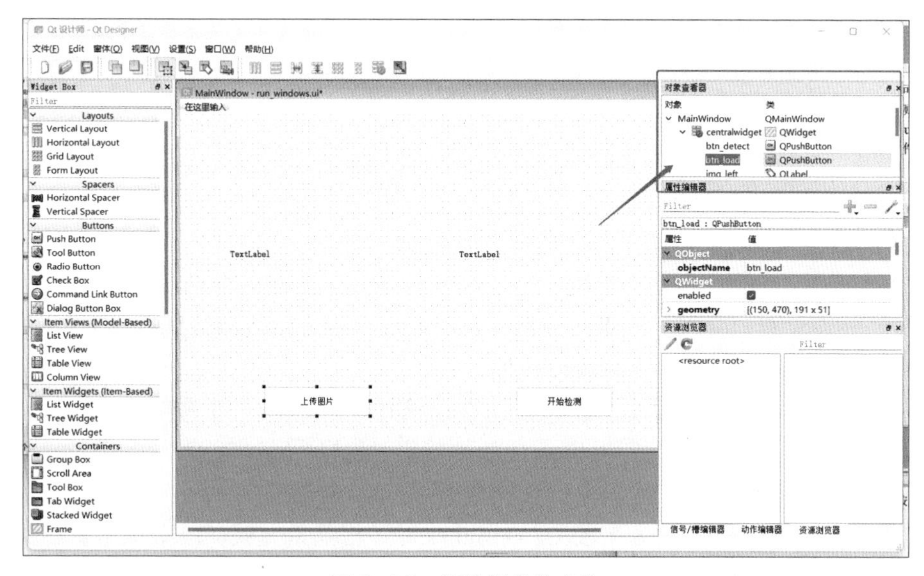

图 6-36　修改组件的名称

这里将“上传图片”按钮的名称修改为“btn_load”，将“开始检测”按钮的名称修改为“btn_detect”，将左侧的“Label”组件的名称修改为“img_left”，将右侧的“Label”组件的名称修改为“img_right”。

编辑完图形用户界面后，选择“文件”→“另存为”命令，就可以生成一个以.ui 为后缀的文件，保存这个图形用户界面，如图 6-37 所示。该文件包含图形用户界面的布局信息。

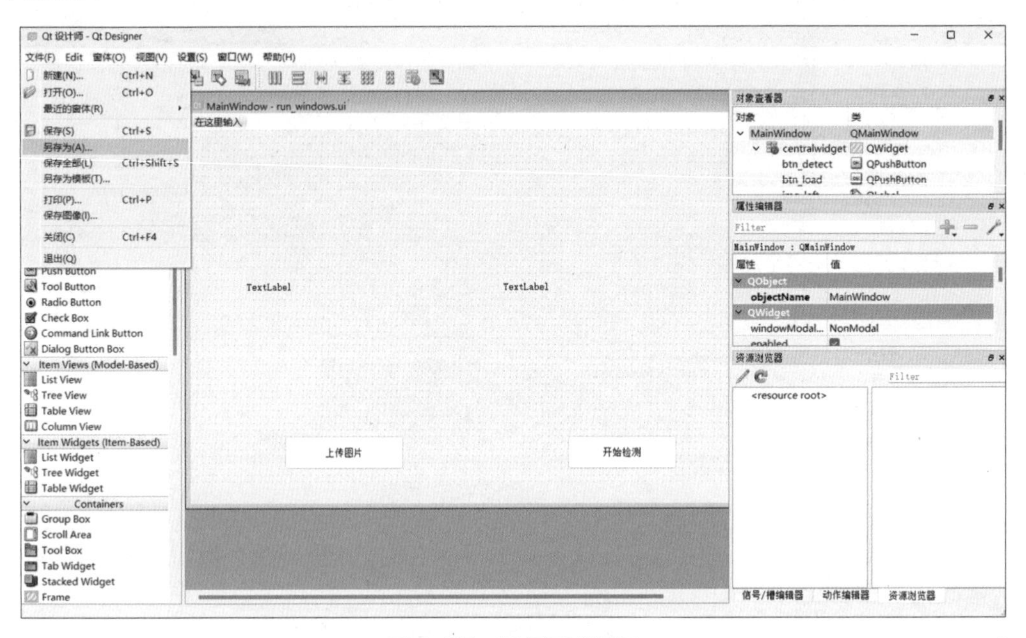

图 6-37 保存图形界面

这里将文件命名为“run_windows.ui”，如图 6-38 所示。用户也可以将其命名为自己想要的名称。这样应用程序的图形用户界面就创建完成了。

图 6-38 文件命名

（4）将目标检测模型部署到图形用户界面中。

上面创建了一个图形用户界面文件（后缀名为.ui），然而这个以.ui 为后缀的文件相当于一个预览文件，目前无法直接使用。为了将这个以.ui 为后缀的文件转换为 Python 程序中可用的形式，需要用到 Pyuic 模块。

Pyuic 是一个 Python 模块，用于将 Qt Designer 中设计的以.ui 为后缀的文件转换为 Python 代码文件，从而可以在 Python 程序中使用。这样，用户就可以在 Python 程序中直接导入 Pyuic 模块，并使用其中的代码创建以.ui 为后缀的文件。

安装 Pyuic 模块的过程和安装 Qt Designer 的过程基本一致，这里不再赘述，安装完之后，将 Pyuic 模块添加到 External tools 中。在项目中，右击生成的以.ui 为后缀的文件，在弹出的快捷菜单中选择“External tools”→“PyUIC”命令，如图 6-39 所示，即可生成一个同名的以.py 为后缀的脚本文件，也就是将以.ui 为后缀的文件转换为 Python 代码文件。

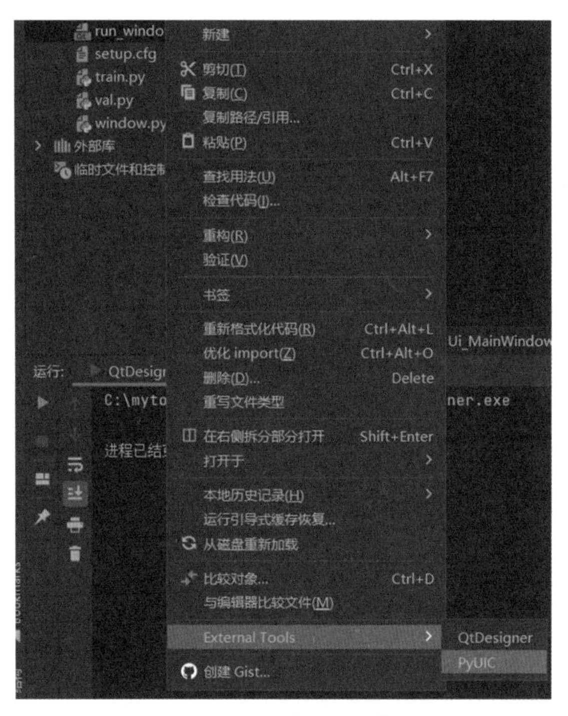

图 6-39　选择“PyUIC”命令

run_windows.py 文件的代码如下：

```
    # run_windows.py:
    # -*- coding: utf-8 -*-

    # Form implementation generated from reading ui file
'run_windows.ui'
    #
    # Created by: PyQt5 UI code generator 5.15.6
    #
    # WARNING: Any manual changes made to this file will be lost when
pyuic5 is
    # run again.  Do not edit this file unless you know what you are
doing.


    from PyQt5 import QtCore, QtGui, QtWidgets


    class Ui_MainWindow(object):
    def setupUi(self, MainWindow):
    MainWindow.setObjectName("MainWindow")
    MainWindow.resize(952, 600)
```

```
self.centralwidget = QtWidgets.QWidget(MainWindow)
self.centralwidget.setObjectName("centralwidget")
self.btn_load = QtWidgets.QPushButton(self.centralwidget)
self.btn_load.setGeometry(QtCore.QRect(150, 470, 191, 51))
self.btn_load.setObjectName("btn_load")
self.btn_detect = QtWidgets.QPushButton(self.centralwidget)
self.btn_detect.setGeometry(QtCore.QRect(600, 470, 171, 51))
self.btn_detect.setObjectName("btn_detect")
self.img_left = QtWidgets.QLabel(self.centralwidget)
self.img_left.setGeometry(QtCore.QRect(90, 70, 341, 341))
self.img_left.setObjectName("img_left")
self.img_right = QtWidgets.QLabel(self.centralwidget)
self.img_right.setGeometry(QtCore.QRect(500, 70, 341, 341))
self.img_right.setObjectName("img_right")
MainWindow.setCentralWidget(self.centralwidget)
self.menubar = QtWidgets.QMenuBar(MainWindow)
self.menubar.setGeometry(QtCore.QRect(0, 0, 952, 26))
self.menubar.setObjectName("menubar")
MainWindow.setMenuBar(self.menubar)
self.statusbar = QtWidgets.QStatusBar(MainWindow)
self.statusbar.setObjectName("statusbar")
MainWindow.setStatusBar(self.statusbar)

self.retranslateUi(MainWindow)
QtCore.QMetaObject.connectSlotsByName(MainWindow)

def retranslateUi(self, MainWindow):
_translate = QtCore.QCoreApplication.translate
MainWindow.setWindowTitle(_translate("MainWindow", "MainWindow"))
self.btn_load.setText(_translate("MainWindow", "上传图片"))
self.btn_detect.setText(_translate("MainWindow", "开始检测"))
self.img_left.setText(_translate("MainWindow", "TextLabel"))
self.img_right.setText(_translate("MainWindow", "TextLabel"))
```

这段代码是使用 Python 实现的，可以看出，如果直接编写以.ui 为后缀的文件会使过程十分烦琐，而且不方便调试。

虽然使用 Pyuic 模块能够生成图形用户界面的代码，但是这段代码只定义了图形用户界面，并不包含 Python 程序应有的输入/输出，因此直接运行这段代码是看不到我们想要的界面信息的。如果要想图形用户界面出现，则还需在脚本文件中添加一些内容。

由于要导入 PyQt5 及环境相关库文件，为防止程序无法运行，需要在脚本文件的开头输入如下代码：

```
import PyQt5.QtCore
import sys
```

由于要创建一个 MainWindow，需要将 Ui_MainWindow 类中默认的 object 参数修改为 QtWidgets.QMainWindow，代码如下：

```
class Ui_MainWindow(object):
# >>修改为
```

```
class Ui_MainWindow(QtWidgets.QMainWindow):
```

向生成的 Ui_MainWindow()类中添加一个初始化函数__init__()，该函数的作用是将以.ui 为后缀的文件中定义的组件添加到当前窗口，并进行初始化，代码如下：

```
def __init__(self):
# 继承Ui_MainWindow，使其拥有
super(Ui_MainWindow, self).__init__()
Ui_MainWindow中所有的组件和函数
self.setupUi(self) # 将定义的组件添加到当前窗口，并进行初始化
```

在脚本文件中添加主程序入口，代码如下：

```
if __name__ == '__main__':
app = PyQt5.QtWidgets.QApplication(sys.argv)
MyUI = Ui_MainWindow()
MyUI.show()
sys.exit(app.exec_())
```

"if__name__=='__main__':"是一个特殊的判断语句，用来判断当前脚本文件中是否有主程序入口，如果当前脚本文件中有主程序入口，则执行后面的语句。这个判断语句的作用是避免在导入当前脚本文件时，误执行一些不必要的代码。这段代码是 Python 脚本文件的入口点，当运行这个脚本文件时，解释器会从这段代码开始执行。

app = PyQt5.QtWidgets.QApplication(sys.argv)用于创建一个名为"app"的 Qt Designer 应用程序对象，并初始化 Qt Designer 应用程序，并传递给 Qt Designer 应用程序启动所需的参数 sys.argv。

MyUI = Ui_MainWindow()用于创建一个自定义的 Ui_MainWindow 类的实例，这个实例包含了以.ui 为后缀的文件中定义的所有组件和函数。

sys.exit(app.exec_())用于等待 Qt Designer 应用程序退出，使应用程序进入消息循环。该函数会在应用程序退出时返回一个整数值，用来提示应用程序的退出状态。这条语句可用于保证在退出应用程序时，正常释放所有的系统资源。

这时单击 PyCharm 编辑器中的"运行"按钮▶，或者按"Ctrl+Shift+F10"组合键运行这段代码，就会显示刚才创建的图形用户界面，如图 6-40 所示。

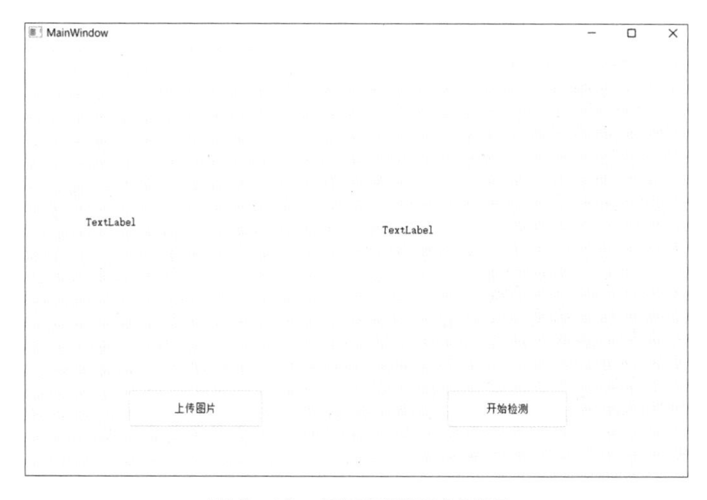

图 6-40　显示图形用户界面

当然如果对按钮或标签的位置、大小不太满意，则可以直接在 setupUi()函数中更改各个组件的参数，将各个组件的大小统一、位置对齐，让界面更加整齐。

为了让界面更加美观，可以使用指定图片填充“textlabel”部分作为待机图片。在 retranslateUi()函数中，添加如下待机图片的代码：

```
# 添加待机图片

self.img_left.setPixmap(QPixmap("icon/UI/ready.png"))
self.img_right.setPixmap(QPixmap("icon/UI/finished.png"))
self.img_right.setAlignment(Qt.AlignCenter)
self.img_left.setAlignment(Qt.AlignCenter)
```

其中，“icon/UI/ready.png”为存放待机图片的路径。添加这段代码并运行，添加的待机图片如图 6-41 所示。

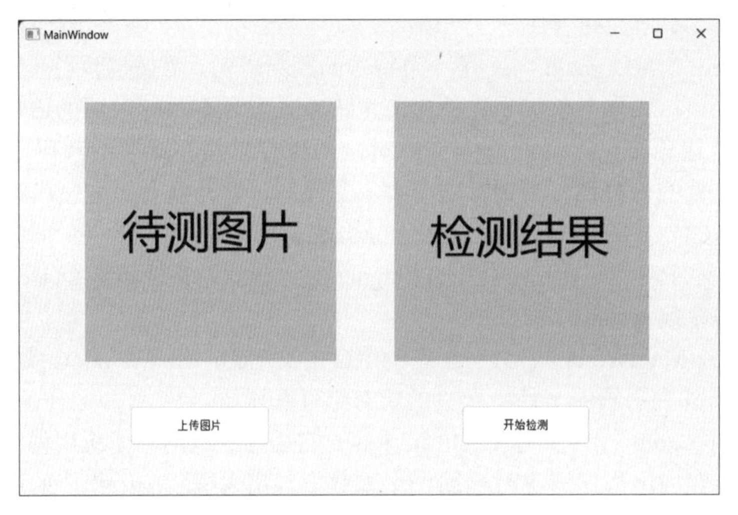

图 6-41　添加的待机图片

这样，一个像样的图形用户界面就完成了。但是现在单击图形用户界面中的按钮是没有响应的，下面需要将按钮单击事件与图片上传函数及目标检测函数连接起来。

这样做的前提是要编写一个图片上传函数及目标检测函数。这里给出一个图片上传函数实例，将其添加到 UI_MainWindow()类中，代码如下：

```
# 在文件开头添加要引用的库文件
import shutil
import threading
import sys
from pathlib import Path
import cv2
import os.path as osp

# 上传图片
def upload_img(self):
# 选择文件进行读取
fileName, fileType = QFileDialog.getOpenFileName(self, 'Choose
```

```
file', '', '*.jpg *.png *.tif *.jpeg')
    if fileName:
    suffix = fileName.split(".")[-1]
    save_path = osp.join("icon/tmp", "tmp_upload." + suffix)
    shutil.copy(fileName, save_path)
    # 统一图片大小，放在一起备用
    im0 = cv2.imread(save_path)
    resize_scale = self.output_size / im0.shape[0]
    im0 = cv2.resize(im0, (0, 0), fx=resize_scale, fy=resize_scale)
    cv2.imwrite("icon/tmp/upload_show_result.jpg", im0)
    self.img2predict = fileName  # 图片名称
    self.img_left.setPixmap(QPixmap("icon/tmp/upload_show_result.jpg"))
    # 上传图片之后，将右侧的图片重置
    self.img_right.setPixmap(QPixmap("icon/UI/right.jpeg"))
```

对于目标检测函数，可以直接使用 YOLOv5 项目的 detect.py 文件中的函数，这里将函数重写为 detect_img()函数，代码如下：

```
    # 引用库文件
    import threading

    import sys
    from pathlib import Path
    import cv2
    import torch
    import torch.backends.cudnn as cudnn
    import os.path as osp
    from PyQt5 import QtCore, QtGui, QtWidgets
    from models.common import DetectMultiBackend
    from utils.datasets import IMG_FORMATS, VID_FORMATS, LoadImages,
LoadStreams
    from utils.general import (LOGGER, check_file, check_img_size,
check_imshow, check_requirements, colorstr,
    increment_path, non_max_suppression, print_args, scale_coords,
strip_optimizer, xyxy2xywh)
    from utils.plots import Annotator, colors, save_one_box
    from utils.torch_utils import select_device, time_sync

    # 检测图片

    def detect_img(self):
    model = self.model
    output_size = self.output_size
    source = self.img2predict  # file/dir/URL/glob, 0 for webcam
    imgsz = [640, 640]  # inference size (pixels)
    conf_thres = 0.25  # confidence threshold 0.25
    iou_thres = 0.45  # NMS IOU threshold 0.45
    max_det = 1000  # maximum detections per image
```

```
    device = self.device  # cuda device, i.e. 0 or 0,1,2,3 or cpu
    view_img = False  # show results
    save_txt = False  # save results to *.txt
    save_conf = False  # save confidences in --save-txt labels
    save_crop = False  # save cropped prediction boxes
    nosave = False  # do not save images/videos
    classes = None  # filter by class: --class 0, or --class 0 2 3
    agnostic_nms = False  # class-agnostic NMS
    augment = False  # ugmented inference
    visualize = False  # visualize features
    line_thickness = 3  # bounding box thickness (pixels)
    hide_labels = False  # hide labels
    hide_conf = False  # hide confidences
    half = False  # use FP16 half-precision inference
    dnn = False  # use OpenCV DNN for ONNX inference
    print(source)
    if source == "":
    QMessageBox.warning(self, "请上传", "请先上传图片再进行检测")
    else:
    source = str(source)
    device = select_device(self.device)
    webcam = False
    stride, names, pt, jit, onnx = model.stride, model.names, model.pt,
model.jit, model.onnx
    imgsz = check_img_size(imgsz, s=stride)  # check image size
    save_img = not nosave and not source.endswith('.txt')  # save
inference images
    # Dataloader
    if webcam:
    view_img = check_imshow()
    cudnn.benchmark = True  # set True to speed up constant image size
inference
    dataset = LoadStreams(source, img_size=imgsz, stride=stride, auto=pt
and not jit)
    bs = len(dataset)  # batch_size
    else:
    dataset = LoadImages(source, img_size=imgsz, stride=stride, auto=pt
and not jit)
    bs = 1  # batch_size
    vid_path, vid_writer = [None] * bs, [None] * bs
    # Run inference
    if pt and device.type != 'cpu':
    model(torch.zeros(1, 3,
*imgsz).to(device).type_as(next(model.model.parameters())))  # warmup
    dt, seen = [0.0, 0.0, 0.0], 0
    for path, im, im0s, vid_cap, s in dataset:
    t1 = time_sync()
```

```
    im = torch.from_numpy(im).to(device)
    im = im.half() if half else im.float()  # uint8 to fp16/32
    im /= 255  # 0 - 255 to 0.0 - 1.0
    if len(im.shape) == 3:
    im = im[None]  # expand for batch dim
    t2 = time_sync()
    dt[0] += t2 - t1
    # Inference
    # visualize = increment_path(save_dir / Path(path).stem, mkdir=True)
if visualize else False
    pred = model(im, augment=augment, visualize=visualize)
    t3 = time_sync()
    dt[1] += t3 - t2
    # NMS
    pred = non_max_suppression(pred, conf_thres, iou_thres, classes,
agnostic_nms, max_det=max_det)
    dt[2] += time_sync() - t3
    # Second-stage classifier (optional)
    # pred = utils.general.apply_classifier(pred, classifier_model, im,
im0s)
    # Process predictions
    for i, det in enumerate(pred):  # per image
    seen += 1
    if webcam:  # batch_size >= 1
    p, im0, frame = path[i], im0s[i].copy(), dataset.count
    s += f'{i}: '
    else:
    p, im0, frame = path, im0s.copy(), getattr(dataset, 'frame', 0)
    p = Path(p)  # to Path
    s += '%gx%g ' % im.shape[2:]  # print string 图片大小
    gn = torch.tensor(im0.shape)[[1, 0, 1, 0]]  # normalization gain
whwh
    imc = im0.copy() if save_crop else im0  # for save_crop
    annotator = Annotator(im0, line_width=line_thickness,
example=str(names))
    if len(det):
    # Rescale boxes from img_size to im0 size
    det[:, :4] = scale_coords(im.shape[2:], det[:, :4],
im0.shape).round()

    # Print results
    for c in det[:, -1].unique():
    n = (det[:, -1] == c).sum()  # detections per class
    s += f"{n} {names[int(c)]}{'s' * (n > 1)}, "  # add to string

    # Write results
    for *xyxy, conf, cls in reversed(det):
```

```
    if save_txt:  # Write to file
    xywh = (xyxy2xywh(torch.tensor(xyxy).view(1, 4)) / gn).view(
    -1).tolist()  # normalized xywh
    line = (cls, *xywh, conf) if save_conf else (cls, *xywh)  # label
format
    # with open(txt_path + '.txt', 'a') as f:
    #     f.write(('%g ' * len(line)).rstrip() % line + '\n')

    if save_img or save_crop or view_img:  # Add bbox to image
    c = int(cls)  # integer class
    label = None if hide_labels else (names[c] if hide_conf else
f'{names[c]} {conf:.2f}')
    annotator.box_label(xyxy, label, color=colors(c, True))
    # print(xyxy)
    # if save_crop:
    #     save_one_box(xyxy, imc, file=save_dir / 'crops' / names[c] /
f'{p.stem}.jpg',
    #                  BGR=True)
    # Print time (inference-only)
    LOGGER.info(f'{s}Done. ({t3 - t2:.3f}s)')
    # Stream results
    im0 = annotator.result()
    # if view_img:
    #     cv2.imshow(str(p), im0)
    #     cv2.waitKey(1)  # 1 millisecond
    # Save results (image with detections)
    resize_scale = output_size / im0.shape[0]
    im0 = cv2.resize(im0, (0, 0), fx=resize_scale, fy=resize_scale)
    cv2.imwrite("icon/tmp/single_result.jpg", im0)
    self.img_right.setPixmap(QPixmap("icon/tmp/single_result.jpg"))
```

目标检测基于模型，因此还要添加模型初始化函数，这部分可以使用 detect.py 文件中的 model_load()函数，代码如下：

```
    # 模型初始化

    @torch.no_grad()    # 上下文管理器，固定梯度，从而解决cuda内存溢出的问题
    def model_load(self, weights="",  # model.pt path(s)
    device='',  # cuda device, i.e. 0 or 0,1,2,3 or cpu
    half=False,  # use FP16 half-precision inference
    dnn=False,  # use OpenCV DNN for ONNX inference
    ):
    device = select_device(device)
    half &= device.type != 'cpu'  # half precision only supported on CUDA
    device = select_device(device)
    model = DetectMultiBackend(weights, device=device, dnn=dnn)
    stride, names, pt, jit, onnx = model.stride, model.names, model.pt,
model.jit, model.onnx
```

```
    # Half
    half &= pt and device.type != 'cpu'  # half precision only supported
by PyTorch on CUDA
    if pt:
    model.model.half() if half else model.model.float()
    print("模型加载完成!")
    return model
```

接下来将按钮单击事件与图片上传函数及目标检测函数连接，代码如下：

```
    # 将按钮单击事件与图片上传函数及目标检测函数连接
    self.btn_load.clicked.connect(self.upload_img)
    self.btn_detect.clicked.connect(self.detect_img)
```

要向初始化函数__init__(self)中添加模型训练设备的相关参数，代码如下：

```
    self.output_size = 480
    self.img2predict = ""
    self.device = '0'    # 训练设备
    self.stopEvent = threading.Event()
    self.stopEvent.clear()
    self.model = self.model_load(weights="results/train/exp/weights/
best.pt",
    device=self.device)  # 指明模型加载位置的设备
```

其中，self.model_load()函数的输入参数为项目 5 中训练得到的权重文件的路径及训练设备。单击“运行”按钮，就可以运行目标检测应用程序。

单击“上传图片”按钮，将本地的待检测的图片上传到程序。单击“开始检测”按钮，即可得到检测结果，如图 6-42 所示。

图 6-42　检测结果

可以看出，程序可以轻松地实现目标检测功能。为了在没有运行环境或编译器环境的条件下使用该程序，用户可以将 Python 文件打包成以.exe 为后缀的文件。这里可以使用 PyInstaller 来实现。PyInstaller 是一个用于将 Python 应用程序打包成可执行文件的第三方库。使用 PyInstaller，可以将 Python 代码与其依赖的库、资源文件打包成一个独立的、可执行的二进制文件。PyInstaller 可以在没有 Python 解释器和相关库的情况下运行。PyInstaller 支持在 Windows、MacOS 和 Linux 等操作系统中打包以.exe 为后缀的文件，并且支持将文件打包成用户图形界面应用程序、命令行工具等多种形式。

PyInstaller 的安装方法与 Qt Designer 等工具的安装方法基本一致，这里只给出使用 Anaconda Prompt 安装 PyInstaller 的方法。

在搜索栏中搜索 Anaconda Prompt 应用程序，单击“打开”按钮，如图 6-43 所示。即可进入 Anaconda Prompt 终端界面。

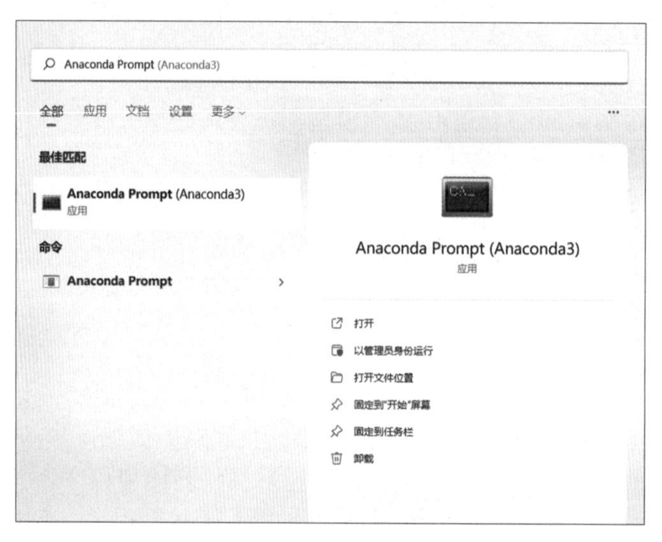

图 6-43　单击“打开”按钮

在 Anaconda Prompt 终端界面中继续运行“conda activate 环境名”命令，即可进入虚拟环境，如图 6-44 所示。可以看出进入虚拟环境后，命令名的开头会出现环境名，这个虚拟环境就是用户所处的工作环境。

图 6-44　进入虚拟环境

在命令提示符窗口中输入并运行如下命令，即可安装 PyInstaller：

```
pip install pyinstaller
```

选择项目使用的虚拟环境，跳转到程序所在的工作目录，输入如下命令：

```
pyinstaller -F -w run_windows.py
```

运行以上命令即可将 Python 程序打包成同名的以.exe 为后缀的文件。但是需要注意的是，当运行这个应用程序时，各个文件夹的路径要与原来程序的路径保持一致，否则会出现找不到文件的问题，或者在编写代码时要将所有路径改为绝对路径。对于其他 PyInstaller 相关的具体用法，读者可以查阅与 PyInstaller 相关的文档。

这样一个完整的目标检测平台就已经搭建完成了，读者可以根据自己的需要，在此基础上添加视频检测、摄像头实时检测等功能，或者按照这个流程再添加几个小程序。

反侵权盗版声明

举报电话：（010）88254396；（010）88258888
传　　真：（010）88254397
E-mail：dbqq@phei.com.cn
通信地址：北京市万寿路173信箱
　　　　　电子工业出版社总编办公室
邮　　编：100036